金相分析基础

主　编　单丽梅

副主编　刘国标

参　编　张玉波　顾庭瑞　蔺虹宾
　　　　王　妍　李继昌　冉　玲

主　审　唐　华　李志宏　曹泉波

北京理工大学出版社
BEIJING INSTITUTE OF TECHNOLOGY PRESS

图书在版编目（CIP）数据

金相分析基础 / 单丽梅主编. -- 北京：北京理工
大学出版社，2025.3.
ISBN 978 - 7 - 5763 - 5225 - 2

Ⅰ. TG115.21

中国国家版本馆 CIP 数据核字第 2025QM7360 号

责任编辑：多海鹏　　　**文案编辑：**多海鹏
责任校对：周瑞红　　　**责任印制：**李志强

出版发行 / 北京理工大学出版社有限责任公司
社　　址 / 北京市丰台区四合庄路 6 号
邮　　编 / 100070
电　　话 / (010) 68914026 (教材售后服务热线)
　　　　　　 (010) 63726648 (课件资源服务热线)
网　　址 / http://www.bitpress.com.cn

版 印 次 / 2025 年 3 月第 1 版第 1 次印刷
印　　刷 / 涿州市新华印刷有限公司
开　　本 / 787 mm×1092 mm　1/16
印　　张 / 15
字　　数 / 352 千字
定　　价 / 78.80 元

微信或相对应 App 扫描下列二维码，
即可进入课程学习相关内容

"金相分析基础"在线开放课程超星入口
(或登录四川职业教育智慧教育平台搜索课程进入)

"金相分析基础"在线开放课智慧职教
(职业教育专业教学资源库) 入口

前　言

　　《金相分析基础》活页教材的编写目的是让学生全面系统地了解金相学和金相技术，使其能够掌握金相试样制备技术和光学金相显微镜的使用方法，并在了解常见金属材料金相检测技术和方法的基础上，让学习者进行金相分析检测的实战练习，学会合理选择和使用国家标准或行业标准进行金相检测，同时养成良好的职业素养和习惯。这是一本旨在提供灵活、实用的学习资源，并以学生为中心的教材。通过对本书的学习和分析，能够使学生更好地理解并掌握相关金相检测的知识和技能，助力学生的职业生涯。

　　本书编写特色如下：

　　（1）本书以学生为中心，注重对学生的引导，激发学生的主动性，提升他们的学习效果。其主要培养的能力目标有：掌握金相试样制备方法、合理制定金相检测方案和流程、能够快速制备合格金相试样、会使用国家标准进行金相检测、会分析识读金相检测任务、会填写金相检测报告、能识别常见的金属金相组织和夹杂物；注重培养的素质有：牢固的安全意识、良好的职业素养和劳动精神及合理地利用学习资源等。

　　（2）本书以实用为标准，注重教材内容与实际工作岗位要求相对接。本书内容紧密结合行业发展趋势和岗位需求，精选了与金相检测密切相关的知识和技能点，同时通过产教融合、校企合作等方式，将企业的真实项目、典型任务、代表案例融入教材，使学生能够在真实或仿真的环境中实现学与做的双向轮动，学做相长。

　　（3）本教材具有灵活的特色，注重教材形式的多样性和灵活性。与教材结合的在线开放课程，资源和内容实时更新，方便学生随时学习，紧跟行业新动态。同时，本书内容更加生动、直观且易于理解。我们希望这种灵活多样的学习方式能够帮助学生更好地适应未来学习和职业发展的需求。

　　本书共有6个项目、15个工作任务，由四川工程职业技术大学单丽梅任主编，参与全部项目的编写工作，并独立完成项目一和项目二的编写；四川工程职业技术大学刘国标完成项目三和项目四的编写；四川工程职业技术大学顾庭瑞完成项目五的编写；四川工程职业技术大学张玉波完成项目六的编写；二重（德阳）重型装备有限公司检测中心一直从事金相检测工作的行业专家王妍、李继昌、冉玲参与了教材的编写工作，并提供了企业生产案例和最新检测标准及行业最新动态。此外，四川工程职业技术大学蔺虹宾老师在本书的编写过程中给予了很大的支持和帮助。

　　由于水平有限，书中不妥和疏漏之处在所难免，欢迎广大读者批评指正，您的意见和建议是我们不断前进的助力。

编　者

目　录

项目一　晶粒度的检测

项目描述

载体可以自定，有条件可以采用企业真实生产案例，掌握金相试样的制备过程，学习完成晶粒度检测工作，并掌握晶粒度的检测方法。

学习目标

1. 知识目标

（1）能掌握金相试样的制备方法。

（2）能够初步具备合理安排金相检测工艺流程的能力。

（3）能够正确地检测出金属的晶粒度。

2. 能力目标

（1）能够正确操作砂轮切割机、砂轮机、抛光机和金相显微镜。

（2）能够正确地磨制试样。

（3）能够正确地配备金相试样腐蚀液。

（4）讨论分析试样制备缺陷造成的原因和应采取的解决方法。

（5）总结在晶粒度的检测中获得的经验和不足之处。

（6）掌握如何准确地使用金相检测标准。

3. 素养目标

（1）小组成员共同制订计划和解决问题，有分歧、争议由小组长仲裁，训练学生的决策和组织能力。

（2）查阅相关资料，对学习与工作进行总结反思，训练学生的集体互助和有效沟通能力。

（3）工作过程中遵守实验室规则，爱护、保养设备，养成良好的公德意识。

（4）培养法律意识和契约精神。

任务书

某企业需检测所生产的零部件的晶粒度，因为晶粒度对金属的使用性能，尤其是力学性能、物理性能影响巨大，要求利用现有设备完成试样的制备和晶粒度的检测任务，任务工作周期16学时。接受任务后，可以通过图书馆、网络下载、学银在线课程及企业查阅有关的资料，学习相关的知识，获取金相试样制备及晶粒度的检测标准等有效信息。分组设计任务的完成流程，利用实验设备进行金相试样的制备，并利用金相显微镜完成晶粒度的检测工作，交付企业验收合格后，撰写反思和总结报告。每次工作完成后按照实验室管理规范清理场地、归置物品，并按照环保规定处置废弃物。

任务分组

学生任务分配表与生产任务单分别见表1.1和表1.2。

表1.1　学生任务分配表

班级		组号		指导老师	
组长		学号			
组员	姓名	学号	姓名	学号	
任务分工					

表1.2　生产任务单

委托单位/地址		项目负责人		委托人/电话	
委托日期		要求完成日期		商定完成日期	
任务名称	晶粒度检测	课题或生产令号		样品/材料名称	
样品编号		样品状态	固体	批号	
				炉号	
工作内容及要求（包括检测标准等）					
备注	有需要请在报告中注明锻件代号：　　　节号：　　　袋号：				

引导问题 1：什么是晶粒度？晶粒度的相关概念有哪些？有哪些方式可以描述或度量晶粒度？晶粒度对金属的性能影响有什么规律？

引导问题 2：完成晶粒度的检测项目应该具备哪些知识和能力？

引导问题 3：金相试样的制备过程是怎样的？每一个流程需要注意什么？

引导问题 4：查阅国标 GB/T 13298—2015，根据下图完成问题。

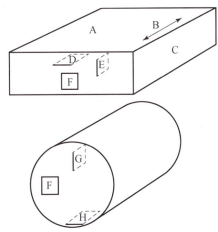

请说明图中字母各代表什么：

A—＿＿＿＿＿＿＿＿＿＿

B—＿＿＿＿＿＿＿＿＿＿

C—＿＿＿＿＿＿＿＿＿＿

D—＿＿＿＿＿＿＿＿＿＿

E—＿＿＿＿＿＿＿＿＿＿

F—＿＿＿＿＿＿＿＿＿＿

G—＿＿＿＿＿＿＿＿＿＿

H—＿＿＿＿＿＿＿＿＿＿

其中＿＿＿＿＿属于横截面，＿＿＿＿＿属于纵截面。

引导问题 5：上个问题中，横截面的金相检查项目有哪些？纵截面的金相检查项目有哪些？晶粒度的检测应该选择哪一种截面？

工作计划

引导问题 6：下图所示设备名称是＿＿＿＿＿＿＿＿，它的作用是＿＿＿＿＿＿＿＿＿＿＿。

该设备在使用时有哪些注意事项？（主要从安全角度考虑）

引导问题 7：你知道下图所示是什么零件吗？在使用时受到怎样的载荷作用？对它的晶粒度有怎样的要求？

引导问题8：根据上述工作，合理分配实验设备使用及操作人员，填写表1.3。

表1.3　设备使用分工表

设备序号	设备名称	数量	设备代号	使用时间	使用人
1					
2					
3					
4					
5					
6					
7					
8					

引导问题9：师生讨论并确定最合理的工艺流程及设备使用情况和实验室分组管理情况。

引导问题10：金相试样的制备缺陷有哪些？分别怎样减小或消除？

引导问题11：本次晶粒度的检测使用哪种方法？理由是什么？

引导问题 12：根据工艺路线和设备使用分工表，填写晶粒度检测工序表，见表 1.4。

表 1.4　晶粒度检测工序

工序号	工序内容	设备或材料	设备或材料规格（粒度）	设备转速 /(r·min⁻¹)	使用开始时间	使用结束时间
1						
2						
3						
4						
5						
6						
7						
8						
9						
10						
11						
12						

工作实施

引导问题 13：下图所示设备名称是＿＿＿＿＿＿＿，它的作用是＿＿＿＿＿＿＿＿＿。

该设备在使用时有哪些注意事项？（主要从安全角度考虑）

 小提示

砂轮切割机取样安全操作注意事项。

1. 安全操作基本注意事项

（1）工作时请穿好工作服、安全鞋，戴好工作帽，最好戴防护镜。注意：不允许戴手套操作机床。

（2）不要移动或损坏实验室墙上及设备上的警告标牌。

（3）砂轮切割机取样工作空间应足够大。

（4）某一项工作如需要两人或多人共同完成时，应注意相互间的协调一致。

（5）刚刚切取的试样严禁用手触摸，可以使用铁钳夹到一边，待到温度降下来后再收集或粗磨。

2. 工作前的准备工作

（1）切割试样前，应先检查切割机电源线及附近电源情况是否安全。

（2）先打开切割机看看运转是否平稳、正常。

引导问题 14： 你知道国家对易制毒和易制爆药品管控条例的开始时间吗？分别列举 5 种以上的易制毒和易制爆的药品。

小提示

（1）中华人民共和国国务院令（第 445 号）：《易制毒化学品管理条例》已经于 2005 年 8 月 17 日国务院第 102 次常务会议通过，现予公布，自 2005 年 11 月 1 日起施行。

（2）中华人民共和国国务院令（第 466 号）：《民用爆炸物品安全管理条例》已经于 2006 年 4 月 26 日国务院第 134 次常务会议通过，现予公布，自 2006 年 9 月 1 日起施行。

（3）上述条例具体事宜请登录中华人民共和国中央人民政府网。

引导问题 15： 根据所检测的材料和所选用的晶粒度测定方法，配制腐蚀剂，见表 1.5。

表 1.5　晶粒度检测所用腐蚀剂

检测材料		配制人		配制腐蚀剂过程记录
晶粒度测定方法		药品用量		
腐蚀剂种类		是否有剩余		
腐蚀剂选择依据		剩余腐蚀剂处理		

引导问题 16： 尝试简述一下 6S 的定义及目的。

6S 是在 5S 的基础上发展起来的，5S 指整理（SEIRI）、整顿（SEITON）、清扫（SEI-SO）、清洁（SEIKETSU）、素养（SHITSUK），因其日语的罗马拼音均以"S"开头，因此简称为 5S，这里我们又添加了另一个 S——安全（SAFE），故统称 6S。

1S——整理

定义：区分"要"与"不要"的东西，对"不要"的东西进行处理。

目的：腾出空间，提高生产效率。

2S——整顿

定义：要的东西依规定定位、定量摆放整齐，明确标识。

目的：排除寻找时间的浪费。

3S——清扫

定义：清除工作场所内的脏污，设备异常马上修理，并防止污染的发生。

目的：使不足、缺点明显化，是品质的基础。

4S——清洁

定义：将上面 3S 的实施制度化、规范化，并维持效果。

目的：通过制度化来维持成果，并显现"异常"之所在。

5S——素养（又称修养、心灵美）

定义：人人依规定行事，养成好习惯。

目的：提升"人的品质"，养成对任何工作都持认真态度的习惯。

6S——安全

定义：保证工作现场安全及产品质量安全。

目的：杜绝安全事故，规范操作，确保产品质量。

记住：现场无不安全因素，即整理、整顿取得了成果。

引导问题 17： 查阅相关标准，写出晶粒度测定所使用和涉及的计算公式，并根据标准中的公式和评级图评判以下放大 200 倍的工业纯铁的晶粒度。

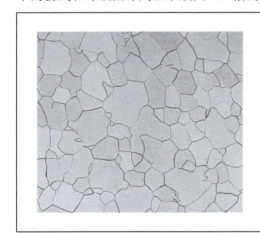

一、晶粒度的定义

"晶粒度"是晶粒大小的量度，而使用晶粒度级别指数表示的晶粒度与测量方法和使用单位无关。显微晶粒度级别指数 G 是指在 100 倍下 645.16 mm^2 视场内包含的晶粒数 N，其中 N 与 G 有以下关系：

$$N = 2^{G-1}$$

国家标准局颁发了 GB/T 6394—2017《金属平均晶粒度测定法》，几乎所有金属材料金相检测项目都会涉及晶粒度检测。GB/T 6394—2017 测定晶粒度的方法有比较法、面积法和截点法，表 1.6 给出了各晶粒度检测方法的特点及适用范围。比较法用于测定等轴晶粒的晶粒度，非等轴晶粒的晶粒度不能使用比较法，其使用最简便，精确度可以达到生产检验的要求，得到了广泛的应用；如要求更高的精确度，则使用截点法和面积法，其中截点法是我国的仲裁方法。本书主要介绍怎样用比较法和截点法检测金属的晶粒度。

表 1.6　各晶粒度检测方法的特点及适用范围

名称	特点	适用范围
比较法	使用最简便，其精确度低，但可以达到生产检验的要求，最常用的方法	测定等轴晶粒的晶粒度，不能用于非等轴晶粒晶粒度的测定
面积法	使用复杂，但精确度高	适用所有晶粒，是美国的仲裁方法
截点法	使用复杂，精确度与面积法一样高	适用所有晶粒，是我国的仲裁方法

二、晶粒度的检测方法

1. 比较法

1) 概念及评级图

比较法通常是与标准系列评级图进行比较，评级图有的是标准挂图，有的是目镜插片。用比较法评估晶粒度一般存在一定偏差（±0.5 级），评级值的重现性与再现性通常为 ±1 级。

GB/T 6394—2017 标准中有四个系列的评级图，表 1.7 给出了常用材料推荐使用的标准评级图。

表 1.7　常用材料推荐使用的标准评级图

标准评级图	适用范围	基准放大倍数
评级图Ⅰ：无孪晶晶粒（浅腐蚀）	(1) 铁素体钢的奥氏体晶粒； (2) 铁素体钢的铁素体晶粒； (3) 铝合金、镁合金、锌合金	100
评级图Ⅱ：有孪晶晶粒（浅腐蚀）	(1) 奥氏体钢的奥氏体晶粒； (2) 不锈钢的奥氏体晶粒； (3) 镁合金、锌合金、镍合金（带孪晶）	100

标准评级图	适用范围	基准放大倍数
评级图Ⅲ：有孪晶晶粒（深腐蚀）	铜合金	75
评级图Ⅳ：钢中奥氏体晶粒（渗碳法）	（1）渗碳钢的奥氏体晶粒； （2）渗碳体网显示的晶粒； （3）奥氏体钢的奥氏体晶粒（无孪晶）	100
注：评级图请扫描二维码，详见 GB/T 6394—2017《金属平均晶粒度测定法》		

2）检测方法

首先观察试样检测面晶粒度大小是否均匀（若大小不均匀，就按双重晶粒度评定，如图 1.1 所示），若试样晶粒大小比较均匀（如图 1.2 所示），则选择好相应放大倍数，随机选取 3~5 个视场（一般视场数为奇数），分别与图谱比较进行评级。

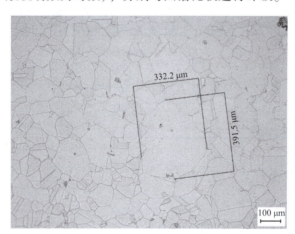

图 1.1　GH706 异常粗大晶粒组织

图 1.2　GH706 正常晶粒组织

微观晶粒度检测

（1）若选择的放大倍数与评级图基准放大倍数一样，则将视场图像与标准图谱（100倍或75倍）进行比较，与标准图谱最接近的图像对应的级别数就是该视场图片的晶粒度级别。原则上直接在目镜下对视场与参照图谱进行评级，若用采集的图像与评级图进行比较评级，则应保证图像为1:1状态，并需要对图片定倍显示，即图片不得缩小或放大，否则误差太大将造成错误数据。

（2）如果晶粒太细小，选择的放大倍数与评级图基准放大倍数不一样，则还是将视场图像与标准图谱（100倍或75倍）进行比较评出晶粒的级别数字 G'，再计算选择的放大倍数下的补偿系数 Q，即晶粒度 $G = G' + Q$，其中

$$Q = 6.643\ 9\lg(M/M_b)$$

式中：Q——补偿系数；

M——实际放大倍数；

M_b——基准放大倍数（100倍或75倍）。

（3）数据处理：对5个视场进行评级后，求出5个视场的平均数，再加上补偿系数，最终数据精度为0.5。表1.8所示为某试样采用比较法检测晶粒度的原始记录表，可计算出5个视场平均值是8.3级，采用评级图 I（100倍），补偿系数为 +2.0，最终结果为10.3，介于评级图10.0级和10.5级之间，而10.3级更靠近10.5级，所以最终结果为10.5级。

表1.8　比较法检测晶粒度的原始记录表

样品编号	视场数					平均数	放大倍数	补偿系数	实际晶粒度
	1	2	3	4	5				
1#	8.5	8.5	8.0	8.0	8.5	8.3	200	+2.0	10.5

2. 截点法

1）概念

截点法是计数已知长度的试验线段（或网格）与晶粒截线或者与晶界截点的个数，然后计算单位长度的截线数 N_L 或者截点数 P_L 来确定晶粒度级别数 G。截点法精确度可达到 ±0.25级。当有争议时，常以截点法为仲裁方法。截点法有直线截点法和圆截点法，推荐使用复合网格截点，如图1.3所示。

2）截点计数规则

将截线网格叠加在视场中，当截线与晶界相交时，计为一个截点，特殊的计数情况如下：

（1）计算截点时，测量线段终点不是截点不予计算，当终点正好接触到晶界时，记为0.5个截点。

（2）测量线段与晶界相切时，计为1个截点。

（3）明显地与三个晶粒汇合点重合时，计为1.5个截点。

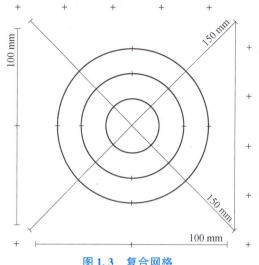

图 1.3　复合网格

3. 数据处理方法

（1）选择好相应放大倍数，随机选取 5～20 个视场，一般为 5 个视场，如图 1.4 和图 1.5 所示，对每个视场进行截点计数 P_i，然后按照公式（1）～（4）计算平均截点数、截点数标准差、截点数 95% 置信区间以及截点数的相对误差。

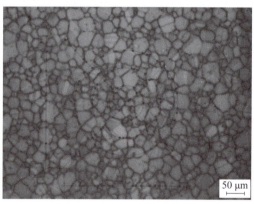

图 1.4　视场 1 截点计数图

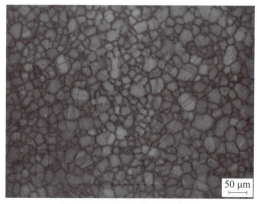

图 1.5　视场 2 截点计数图

平均截点数：

$$\bar{P} = \frac{\sum\limits_{i=1}^{n} P_i}{n} \tag{1}$$

截点数标准差：

$$S = \sqrt{\frac{\sum\limits_{i=1}^{n} (P_i - \bar{P})^2}{n-1}} \tag{2}$$

截点数 95% 置信区间：

$$95\% CI = t_\alpha \cdot \frac{S}{\sqrt{n}} \tag{3}$$

截点数相对误差：

$$\% RA = \frac{95\% CI}{\bar{P}} \times 100\% \tag{4}$$

当截点数相对误差 %RA 小于 10% 时，认为截点的测量结果有效，否则应扩大测量样本，即增加视场数 n 后重新测量。其中公式（3）中 t_α 为学生分布上 95% 置信区间对应的分位点，表 1.9 给出了不同视场数的 t_α 取值。

表 1.9　不同测量视场数对应学生分布 t_α 取值（$\alpha = 0.025$）

视场数 n	5	6	7	8	9	10	11	12
t_α	2.776 4	2.570 6	2.446 9	2.364 6	2.306 0	2.262 2	2.228 1	2.201 0
视场数 n	13	14	15	16	17	18	19	20
t_α	2.178 8	2.160 4	2.144 8	2.131 5	2.119 9	2.109 8	2.100 9	2.093 0

（2）通过测量网络长度 L、放大倍数 M、平均截点数 $\bar{P}$ 来计算金属平均晶粒度级数 G，其中网格长度 L 的单位为 mm。

金属平均晶粒度级数：

$$G = 6.643\,856 \lg\left(\frac{M \cdot \bar{P}}{L}\right) - 3.288 \tag{5}$$

（3）通过截点数 95% 置信区间 95%CI 计算晶粒度级别对应的 95% 置信区间 95%CL。

晶粒度 95% 置信区间：

$$95\% CL = 3.321\,928 \lg\left(\frac{\bar{P} + 95\% CI}{\bar{P} - 95\% CI}\right) \tag{6}$$

（4）金属平均晶粒度的测量结果表示为：$G \pm 95\% CL$。

例如：在 200 倍下晶粒形貌的 6 个视场，对应的截点数分别为 170、171、162、146、157 和 155，对应的截线长度为 702.6 mm，计算出平均截点数为 160.17，截点数标准差为 9.54，截点数 95% 置信区间为 10.01，截点的相对误差为 6.25%，晶粒度级别为 7.73，晶粒度 95% 置信区间为 0.18。本试样的实际晶粒度为 7.73 ± 0.18 级。

平均截点数：

$$\bar{P} = \frac{170 + 171 + 162 + 146 + 157 + 155}{6} = 160.17$$

平均截点数标准差：

$$S = \sqrt{\frac{\sum_{i=1}^{6}(P_i - 160.17)^2}{6 - 1}} = 9.54$$

截点数 95% 置信区间：

$$95\% CI = t_\alpha \frac{S}{\sqrt{n}} = 2.5706 \times \frac{9.54}{\sqrt{6}} = 10.01$$

截点数相对误差：

$$\% RA = \frac{95\% CI}{\bar{P}} \times 100\% = \frac{10.01}{160.17} \times 100\% = 6.25\%$$

金属平均晶粒度级数：

$$G = 6.643856\lg\left(\frac{M \cdot \bar{P}}{L}\right) - 3.288$$

$$= 6.643856 \times \lg\left(\frac{200 \times 160.17}{702.6}\right) - 3.288$$

$$= 7.73$$

晶粒度 95% 置信区间：

$$95\% CL = 3.321928\lg\left(\frac{\bar{P} + 95\% CI}{\bar{P} - 95\% CI}\right)$$

$$= 3.321928 \times \lg\left(\frac{160.17 + 10.01}{160.17 - 10.01}\right)$$

$$= 0.18$$

金属平均晶粒度的测量结果表示为：7.73 ± 0.18。

三、注意事项

1. 采用比较法检测金属平均晶粒度注意事项

（1）最好在目镜下将视场图像与标准图谱进行比较，当使用采集图片进行评级时，一定要定倍显示图片（1∶1实际大小显示）。

（2）比较法评级值的重现性与再现性通常为 ±1 级，当试样上有明显超过 1.0 级的视场，即试样上不同部位晶粒度相差超过 1.0 级时，需要对不同部位分别采集图像视场数据并分别评定，最好在检测报告中报出相应数据。

（3）比较法评级采集的视场为奇数个，若为偶数个，则平均数可能会占据 0.5 分位，无法靠近取值。

2. 采用截点法检测金属平均晶粒度注意事项

（1）截点计数一定要认真仔细，否则容易出错，尤其是 0.5 和 1.5 个点的计数。

（2）计算时要认真，截线长度指的是放大倍数下的长度，对应单位为 mm。

（3）放大倍数的选择要保证视场中的截点数不得少于50个。

（4）视场选择为随机视场，视场数不得小于5个，若计算截点数的相对误差大于10%，则需增加视场数重新测量。

（5）工作时要细致、严谨、认真，有能力的同学们可以借助计算机软件开发晶粒度截点法计算程序，以减少计算工作量。

引导问题18：根据检测过程和结果，完成晶粒度的金相检测报告，见表1.10。

表1.10 晶粒度检测报告

任务编号 Task number		客户名称 Name of customer	
样品名称 Name of sample		客户地址 Address of customer	
样品编号 Sample number	N/A	收样日期 Date of receipt	
材料批号 Batch number	N/A	样品状态 Sample status	固体
材料炉号 Heat number		材料的热处理制度 Heat treatment	热处理后
技术条件 Product specification	N/A	抽样标准 Sampling standard	
检测标准 Testing standard		检测地点 Test location	
环境条件 Environment condition		备注 Note	

报告内容 Report contents：

采用_____法对送检样品进行平均晶粒度评定，评定结果填入表1。附相同放大倍数5个视场的晶粒组织形貌图。

结论 Conclusion：

检测人/日期：　　　　　　　复核人/日期：　　　　　　　批准人/日期：

Tested by/Date　　　　　　　Reviewed by/Date　　　　　　Approved by/Date

表1 晶粒度级别评定结果

样品名称	晶粒度级别	备注

引导问题 19：按表 1.11 对金相试样的制备过程和质量，以及晶粒度的检测过程和结果进行评价，将结果填入表 1.11 中（其中自评和互评各占 50%）。

表 1.11　金相检测全过程评分

检测材料/编号				总得分			
项目与配分	序号	评分点	配分	评分标准	自评记录	互评记录	得分
制样操作过程（60%）	1	取样	10	违反安全全扣			
	2	镶嵌	10	违反安全全扣			
	3	粗磨	10	没有冷却扣 5 分，违反安全全扣			
	4	细磨	10	习惯差每处扣 2 分，扣完为止			
	5	抛光	10	样品飞出扣 2 分，离开不关水、电全扣			
	6	腐蚀	10	违反操作规则全扣			
制样水平（20%）	7	划痕	10	视场中三条以上每条扣 2 分，扣完重做			
	8	显示	5	过轻或过重扣 5 分			
	9	磨面平整度	5	磨面不平全扣，没有合格视场重做			
测定方法和正确性（10%）	10	测定方法	5	标准选错全扣，重做			
	11	正确性	5	计算错误扣 2 分，公式错误全扣			
金相显微镜的使用（倒扣分）	12	手直接扒拉物镜镜头	−5	倒扣			
	13	湿手操作显微镜	−5	倒扣			
	14	湿样品直接置于显微镜下观察	−5	倒扣			
	15	观察过程中用手在载物台上直接推动试样	−5	倒扣			
6S（10% 及倒扣分）	16	是否符合 6S 精神	10 及倒扣	每违反一项扣 2 分，扣完可以倒扣			

评价反馈

评价表见表 1.12 ～ 表 1.14。

表 1.12　活动过程评价小组自评表

班级		组名		日期	年　月　日
评价指标	评价要素			分数	分数评定
信息检索	能利用资源获取有效信息；能将查找到的信息有效转换到工作中			10	
感知工作	是否熟悉各自的工作岗位，认同工作价值；在工作中是否获得满足感			5	
参与状态	与教师、企业员工、同学之间是否相互尊重、理解、平等；与教师、企业员工、同学之间是否能够保持多向、丰富、适宜的信息交流			15	
	探究学习，自主学习不流于形式，处理好合作学习和独立思考的关系，做到有效学习、深入探究相关标准；能提出有意义的问题或能发表个人见解；能按要求正确操作；能够倾听、协作分享			15	
学习方法	工作计划、操作技能是否符合规范要求；是否获得了进一步发展的能力			10	
工作过程	遵守实验室和企业管理规程，操作过程符合现场管理要求；平时上课的出勤情况和每天完成工作任务情况；善于多角度思考问题，能主动发现、提出有价值的问题			15	
思维状态	是否能发现问题、提出问题、分析问题、解决问题、创新问题			10	
自评反馈	按时按质完成工作任务；较好地掌握了金相分析技能；具有较强的信息分析能力和理解能力；具有较为全面、严谨的思维能力并能条理明晰地表述成文			20	
	自评分数				
有益的经验和做法					
总结反思建议					

表 1.13　活动过程评价小组互评表

班级		被评组名		日期	年　月　日
评价指标	评价要素			分数	得分
信息检索	该组成员能否利用网络资源、工作手册查找有效信息，能否通过与企业教师合理沟通获取有效信息			10	
	该组成员能否用自己的语言有条理地去解释、表述所学知识			5	
	该组成员能否将查找到的信息有效转换到工作中			5	

班级		被评组名		日期	年　月　日
评价指标	评价要素			分数	得分
感知工作	该组成员能否熟悉自己的工作岗位，认同工作价值			5	
	该组成员在工作中是否获得满足感			5	
参与状态	该组成员与教师、企业员工、同学之间是否相互尊重、理解、平等			5	
	该组成员与教师、企业员工、同学之间是否能够保持多向、丰富、适宜的信息交流			5	
	该组成员能否处理好合作学习和独立思考的关系，做到有效学习			5	
	该组成员能否提出有意义的问题或能发表个人见解；能否按要求正确操作；是否能够倾听、协作分享			5	
	该组成员能否积极参与，在金相检测过程中不断学习，虚心请教企业员工，综合运用信息技术的能力是否能得到提高			5	
学习方法	该组成员的工作计划、金相试样制备技能是否符合规范要求			5	
	该组成员是否获得了进一步发展的能力			5	
工作过程	该组成员是否遵守实验室和企业管理规程，且操作过程符合现场管理要求			5	
	该组成员平时上课的出勤情况和每天完成工作任务情况			5	
	该组成员是否能制备出良好的金相试样及合理选用国家标准，善于多角度思考问题，并能主动发现、提出有价值的问题			10	
思维状态	该组成员是否能发现问题、提出问题、分析问题、解决问题、创新问题			5	
自评反馈	该组成员是否能严肃认真地对待自评，并能独立完成金相检测全过程任务			10	
互评分数					
简要评述					

表 1.14　教师评价表

班级			组名		姓名	
出勤情况						
一	任务描述、接受任务	口述任务内容细节	1. 表述仪态自然、吐字清晰	3	表述仪态不自然或吐字模糊扣1分	
			2. 表述思路清晰，层次分明、准确		表述思路模糊或层次不清扣2分	

班级			组名		姓名		
出勤情况							
二	任务分析、分组情况	依据材料和检测项目、成员特点分组、分工	根据任务情况及班级成员特点，分组、分工合理、明确	2	表述思路模糊或层次不清扣1分		
					分工不明确扣1分		
三	制订计划	试样制备流程	1. 试样制备流程完整（包括所用设备、材料、药品等）	10	漏掉工序或描述不清扣1分，扣完为止		
		标准和方法的选择	2. 准确的标准和方法	5	选错全扣		
四	计划实施	制备金相试样前准备	1. 工装穿戴整齐	5	穿戴不齐扣1分		
			2. 设备检查良好		没有检查扣1分		
			3. 准备金相砂纸		没有准备扣3分，多准备或少准备各扣1分		
			4. 配制抛光液	5	没有配制扣2分，配制浓度错误扣1分		
			5. 配制腐蚀液		没有配制扣3分，配错扣2分		
		金相试样制备	1. 正确使用设备	5	设备使用错误扣1分，扣完为止		
			2. 查阅资料，正确弥补制样缺陷	10	没有弥补每一项缺陷扣1分，扣完为止		
			3. 显微镜下金相组织质量	15	组织不清晰、划痕三条以上、试样表面不干净，酌情每项扣5分，扣完为止		
		实验室管理	1. 金相试样制备过程中6S精神	5	酌情扣分，扣完为止		
			2. 每天结束后清洁实验室，关闭水、电、门窗	10	每次不合格扣1分，扣完此项配分为止		
五	晶粒度检测	检测报告	能正确完成检测任务，并填写检测报告	10	检测报告有错误全扣		
六	总结	任务总结	1. 依据自评分数	2			
			2. 依据互评分数	3			
			3. 依据个人总结评价报告	10	依总结内容是否到位酌情给分		
		合计		100			

项目的相关知识点

一、金相试样的制备

1. 取样

1）选取原则

应根据研究目的选取有代表性的部位和磨面。取样部位必须与检验目的和要求相一致，使所切取的试样具有代表性。晶粒度的检测可以选取横向试样。

2）取样尺寸

截取的试样尺寸，通常为直径 12～15 mm、高度为 12～15 mm 的圆柱形或边长为 12～15 mm 的方形，原则上以便于手握为宜。

3）取样方法

（1）硬度较低的材料，如低碳钢、中碳钢、灰口铸铁、有色金属等，通常需进行锯、车、刨、铣等机械加工。

学习通取样

（2）硬度较高的材料，如白口铸铁、硬质合金、淬火后的零件等，用锤击法，从击碎的碎片中选出大小适当者作为试样。

（3）韧性较高的材料，用切割机切割。

（4）大断面和高锰钢等，用氧乙炔焰气割。

2. 镶嵌

1）机械夹持法

机械夹持法适用于表层检验，不易产生倒角。

要求：夹具的硬度略高于试样（低、中碳钢均可）；垫片多用铜或铝质；垫片的电极电位略高于试样。

2）塑料镶嵌法

塑料镶嵌法有两种，一种是用环氧树脂在室温镶嵌，一种是在专用的镶嵌机上进行镶嵌。

学习通镶嵌

（1）环氧树脂镶嵌。

要求：材料为环氧树脂＋固化剂＋磨料，用于较硬且热敏感性不高的材料。

（2）镶嵌机镶嵌：是在专用的镶嵌机上进行镶嵌。镶嵌机由加热、加压、压模装置组成。

（3）低熔点合金镶嵌：配制合金→熔化浇注即可。

3. 磨光

磨光的目的是得到光滑平整的表面。

1）粗磨

目的：将取样形成的粗糙表面和不规则外形修整成形。

粗磨可通过手工或机械磨制。手工磨制常用于较软的有色金属及其合金，采用的工具为锉刀或粗砂纸。机械磨制常用于钢铁材料，采用的工具为砂轮。机械磨制时，应注意冷却试样，否则发热易导致金属内部组织发生变化。

2）手工细磨

手工细磨是在由粗到细的砂纸上进行的。

要点：砂纸平铺在玻璃板、金属、塑料或木板上，一手紧压砂纸，另一手平稳拿住试样，将磨面轻压砂纸，向前推移，然后提起、拉回，拉回时试样不得接触砂纸，不可来回磨削，否则易磨成弧形，得不到平整的磨面。

手工细磨时应注意：

（1）粗磨后的试样须清洗、吹干后再进行细磨，直到得到方向一致的磨痕，再更换更细的砂纸，并转90°后继续磨制。

（2）磨制时压力不能过大，否则磨痕过深、发热严重。

（3）磨制软材料时，应在砂纸上滴润滑剂。

（4）磨过硬材料的砂纸不得用于软材料的磨制。

学习通磨光

4. 机械抛光

机械抛光目前应用最为广泛，分为粗抛和精抛（抛光粉颗粒大小不同）。较软的金属必须进行粗抛和精抛，对钢铁材料仅进行粗抛即可。

机械抛光操作：

（1）在抛光时，试样和操作者双手及抛光用具必须洗净，以免将粗砂粒带入抛光盘。

（2）抛光微粉悬浮液一般为5%～15%的抛光粉蒸馏水悬浮液，装在瓶中，使用时摇动，滴入抛光盘中心。

（3）抛光盘湿度是以提起试样，磨面上的水膜在2～3 s自行蒸发干为宜。

（4）抛光时试样磨面应平稳轻压于抛光盘中心附近，沿径向缓慢往复移动，并逆抛光盘旋转方向轻微转动，以防磨面产生曳尾。

学习通磨光

5. 腐蚀

腐蚀又称为显示，主要是化学显示法（化学浸蚀法），即将抛光好的试样磨面浸入化学试剂中或用化学试剂擦拭试样磨面，显示出显微组织的方法。

1）化学浸蚀原理

化学浸蚀是一个电化学溶解过程。在金属中，晶粒与晶粒之间、晶粒与晶界之间、各相间的物理化学性质不同，自由能不同，在电解质溶液中则具有不同的电极电位，可组成微电池。较低电位部分是微电池的阳极，溶解较快，溶解的地方则凹陷或沉积反应产物而着色。在显微镜下观察时，光线在晶界处被散射，不能进入物镜而显示出黑色晶界，而其他地方则呈白色。

学习通腐蚀

2）浸蚀操作

（1）浸蚀操作过程：冲洗抛光试样→酒精擦洗→浸蚀→冲洗→酒精擦洗→吹干。

（2）浸蚀方式：浸入法、擦拭法、滴蚀法。

（3）浸蚀操作时的注意事项。

①浸蚀时间及其深浅程度。

②金属扰乱层的消除。

③试样浸蚀后的清洗和保存。

6. 金相试样制备常见的问题及解析

（1）磨面不平：指试样磨面出现多个平面或者有弧面。在磨制时，严重的情况下一个试样会出现三四个平面甚至五六个平面，这种缺陷组织图像的特点是整个视场中只有部分区域组织清晰，如图1.6所示。

产生原因：磨制过程中用力不均。

避免措施：在磨制中需要单程磨制，轻按试样顶面匀速推动，时刻保证试样平稳。磨制的过程中，最好单程磨制，而且要轻按试样的顶面，以匀速向前平推，同时要时刻保证试样是平稳的，对于新手操作也可以手肘为圆心，以小臂为半径画弧形磨制，减轻试样磨面的不平。

消除：若有局部出现坡面，则在此处适当增加力度来消除这个坡面，或者将试样旋转180°磨制。

（2）嵌入：硬的颗粒固定在软试样表面的现象，一般小颗粒比大颗粒更容易嵌入，如图1.7所示。

避免措施：降低抛光载荷、转速和时间；避免使用粒度小的SiC砂纸和金刚石悬浮液。例如采用3 μm的金刚石抛光膏比用悬浮液避免嵌入的效果要好得多。

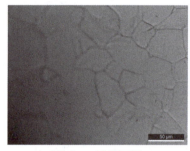

图1.6　试样不平

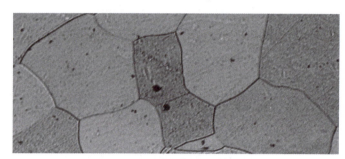

图1.7　试样表面的嵌入

（3）曳尾。

产生原因：一方面是长时间单方向抛光，使材料中的某种组织沿抛光方向变形；另一方面是抛光的压力过大导致试样与抛光布和抛光膏之间的摩擦力过大，使试样中较软的组织组成物被拽出但又不能在离心力的作用下被消除，如图1.8和图1.9所示。曳尾的关键工序是抛光。

避免措施：刚开始抛光时握稳试样轻压在抛光盘的中心，沿径向移动到抛光盘边缘，以增加线速度，当握持试样稳定后适当增加抛光压力，并逆着抛光盘的方向自转试样，在抛光即将结束时，在旋转试样的同时缓慢地使试样从抛光盘的边缘向中心移动并保持旋转，以降低抛光线速度，同时缓慢减小压力至中心时几乎为0，并从抛光盘的中心提起试样。

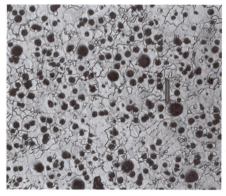

图1.8　石墨曳尾

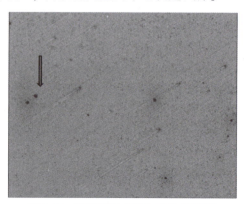

图1.9　外界硬质点嵌入产生的曳尾

（4）划痕：划痕是指试样表面的线性凹槽。

产生原因：划痕主要是在磨制和抛光过程中形成的，磨制过程中砂纸上脱落的砂粒易在试样表面留下较深的划痕，如果磨制时的砂粒被带到了抛光布或抛光剂上也会产生新的划痕，或抛光时间过短未消除最细一号砂纸而留下划痕。如图1.10所示。

消除：为了消除划痕，首先粗磨时间应较长，以彻底消除切割试样留下的变形层；还有，更换砂纸时，一定要清理干净玻璃板，并将试样旋转90°，每一号砂纸应将上一号砂纸留下的划痕消除。

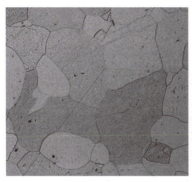

图1.10　试样表面的划痕

（5）拔出：指试样第二相微粒被除去（无论第二相微粒比基体硬还是软）的现象，如图1.11所示。

产生原因：在SiC砂纸上研磨时间过长、抛光时间过长、载荷过大。

消除：使用无绒抛光布，降低抛光载荷，并使用合适的润滑剂。

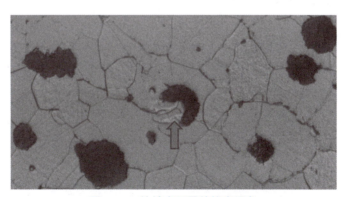

图1.11　铸铁中石墨的拔出现象

（6）污染：污染是指试样磨光、抛光时在研磨颗粒或润滑剂的交互作用下，污染物残渣会聚集在第二相微粒周围；或者由于清洁或干燥不当，在腐蚀剂和溶剂的交互作用下，污染物残渣聚集在基体周围，如图1.12所示。例如球墨铸铁污染物聚集在铸铁周围，工业纯铁污染物随机分布，如果工业纯铁试样经腐蚀后没有清洗干净腐蚀液，则会使得腐蚀程度加深，进而在基体表面出现盐类的结晶现象，如图1.13所示。

消除：重新抛光腐蚀。抛光前，试样和抛光布都要清洗干净，腐蚀后用酒精冲洗磨面并用热风吹干。

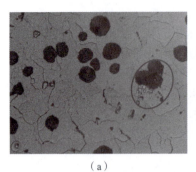
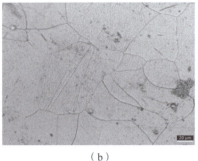

（a）   （b）

图 1.12　试样磨面的污染现象

图 1.13　工业纯铁试样表面盐类结晶现象

（7）表面变形：表面变形是在切割试样时冷加工留下的，后面磨抛过程中如果用力过大、抛光时间过长也会产生变形，变形是一种特别严重的缺陷和假象。如图 1.14 所示。

消除：磨制时用力适当，增加粗磨时间；细磨和抛光时不要用力过大（以免产生新的变形），抛光时间不要过长，方可采用腐蚀和抛光交替进行的方法。

图 1.14　工业纯铁试样磨面的表面变形现象

（8）腐蚀过浅。

产生原因：腐蚀时间短（肉眼看试样磨面还很光亮）。

组织特点：显微镜下观察组织衬度不明显，组织显示不清晰，晶界不明显。例如 60 钢的平衡组织（F + P），在 500 倍放大倍数下，区分不到铁素体晶界和珠光体的片层组织，如图 1.15 所示。

消除：继续腐蚀，看到磨面变灰色后，停止腐蚀并用流水冲洗干净。

图 1.15 腐蚀过浅

（9）腐蚀过深。

原因：腐蚀时间过长（肉眼看试样磨面呈深灰色甚至是黑色）。

特点：显微镜下观察组织衬度不明显，组织显示模糊一团不清晰，例如图 1.16（a）所示 60 钢的平衡组织（F＋P），在 500 倍放大倍数下，同样区分不到晶界，甚至不能确定组织类型；图 1.16（b）所示的铁素体出现双晶界，两者都是腐蚀过重现象。

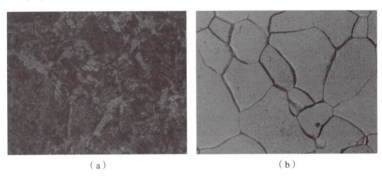

（a）　　　　　　　　　　　　　（b）

图 1.16　金相腐蚀过深

（10）优质的金相试样。

优质金相试样的磨面组织（见图 1.17）：

①组织清晰、晶界明显、浸蚀均匀适度；

②无假象、无划痕、无水迹、无嵌入、无坑点、无曳尾；

③夹杂物、石墨等第二相不脱落。

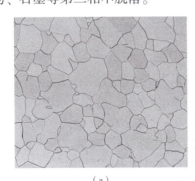

（a）　　　　　　　　　　　　　（b）

图 1.17　优质的金相试样磨面组织

（a）工业纯铁金相试样；（b）球墨铸铁金相试样

二、金相显微镜的操作

金相显微镜的操作要点：

（1）使用金相显微镜之前，必须认真阅读设备说明书，熟悉结构和操作规程后才能使用。

（2）操作前确保操作者双手和待观察试样是干净且干燥的。

（3）电源开通前，灯泡要处于亮度最低位置，开通后再调亮。

（4）调焦时，先轻调粗调螺旋，若方向正确则视场会越来越亮，调到模糊组织后，改换细调螺旋，直至组织清晰。

（5）不得用手指或皮肤去触碰物镜和目镜的镜头。

（6）光学元件上的油污、灰尘、油脂等污物，需用专用镜头纸擦拭，禁止用衣服或纸巾擦拭。

（7）使用结束时，金相显微镜的亮度应先调至最低，再关闭电源。

（8）金相显微镜应放置于干燥、无尘、无腐蚀气氛、无振动、无阳光直射、通风良好的地方，能有空调、恒温、除湿设备更为理想。

金相试样制备
常见的问题
及解析教学视频

教学视频
显微镜的使用

三、晶粒度相关知识

1. 晶粒度的定义

晶粒度表示晶粒的大小，常用两种方式表征晶粒的大小：一种是用晶粒的尺寸直接表示，例如用单位体积（或单位面积）内的晶粒数目、晶粒的平均线长度（或直径）、晶粒的平均表面积表示；另一种是用晶粒度等级表示，这是工业生产上常用的表示晶粒大小的方式。标准晶粒度共分 12 级，晶粒越细，晶粒度等级数越大。其中，1 ~ 4 级为粗晶粒，5 ~ 8 级为细晶粒，9 ~ 12 级为超细晶粒。评定方法是将金相组织放大 100 倍后，与标准晶粒度等级图片进行比较来确定。

2. 晶粒度的检验

晶粒度检验是借助金相显微镜来测定钢中的实际晶粒度和奥氏体晶粒度。晶粒越小，金属材料的强度越高，而且塑性、韧性也好。若钢的奥氏体晶粒度粗大，不仅会降低机械性能，而且淬火时容易发生变形和开裂。检验铁素体晶粒度和奥氏体钢晶粒度，试样一般不需要进行热处理。但是除了上述两种钢外，因为奥氏体是高温相，故室温下检测其晶粒度会留下高温奥氏体晶界痕迹。

常用的几种晶粒度检验方法如下：

（1）渗碳法，适于渗碳钢。将试样在 930 ℃ ±10 ℃ 保温 6 h，使试样表面获得 1 mm 以上的渗碳层，渗碳后将试样炉冷却到下临界温度以下，在渗碳层中过共析区的奥氏体晶界上会析出渗碳体网，经磨制和浸蚀后便显示出奥氏体晶粒边界。

（2）氧化法，适用于碳含量为 0.35% ~ 0.60% 的碳钢和合金钢。将试样检验面抛光，然后将抛光面朝上放入加热炉中，在 860 ℃ ±10 ℃ 加热 1 h，然后淬入水中或盐水中，经磨制和浸蚀后便显示出由氧化物沿晶界分布的原奥氏体晶粒形貌。

（3）网状铁素体法，适用于中碳钢和中碳合金钢。将碳含量不大于 0.35% 的试样在900 ℃ ±10 ℃、碳含量大于 0.35% 的试样在 860 ℃ ±10 ℃ 加热 30 min，然后空冷或水冷，经磨制和浸蚀后沿原奥氏体晶界便显示出铁素体网。

（4）网状渗碳体法，适用于过共析钢。将试样在 820 ℃ ±10 ℃ 加热，保温 30 min 以上，炉冷到下临界点温度以下，使奥氏体晶界上析出渗碳体网，经磨制和浸蚀后显示奥氏体晶粒形貌。

3. 晶粒度的评级

参照 GB/T 6394—2017 或其替代标准，规定了钢的晶粒度测定方法。

（1）比较法：与标准系列图谱比较，结果一般偏差为 ±0.5 级，评估值的重现性通常为 ±1.0 级，若金相组织的放大倍数不是 100 倍，则应注意补偿系数的选取。

（2）面积法：仲裁法，即用单位面积内的晶粒数目确定晶粒度级别，精度为 ±0.25 级，无偏差，重现性为 ±0.5 级。

（3）截点法：我国常用的仲裁方法，即通过计算一定长度的线段与晶界相交的截点数确定晶粒度级别，精度为 ±0.25 级，无偏差，重现性为 ±0.5 级。

推荐标准及资料：

（1）GB/T 6394—2017《金属平均晶粒度测定法》。

（2）GB/T 13298—2015《金属显微组织检验方》。

（3）GB/T 8170—2016《数值修约规则与极限数值的表示和判定》。

（4）晶粒度评级图。

（5）ASTM_E112 – 12《金属平均晶粒度（中文版）》。

GB/T 6394—2017《金属平均晶粒度测定法》 GB/T 13298—2015《金属显微组织检验方法》 GB/T 8170—2016《数值修约规则与极限数值的表示和判定》

《晶粒度评级图》 ASTM_E112 – 12《金属平均晶粒度（中文版）》

📚 金相小故事

金相学 Metallography 这一名词在 1721 年首次出现于牛津《新英语字典》（*New English Dictionary*）中，但那时这个名词的含义只是金属及其性能的学问，尚未涉及组织结构。19 世纪中期，转炉（1856 年）及平炉（1864 年）炼钢方法相继问世，钢铁价格显著下降，产量猛增。那时又正大事兴建铁路，铁轨用量很大，断裂事故也屡见不鲜。生产实际的需要促进了对钢铁断口、低倍及内部显微组织结构的研究。另外，晶体学在这个时期也有了长足的进展，如 32 个晶类（1830 年）及 14 个布拉菲点阵（1849 年）的建立，这为研究矿物与金属的内部组织结构奠定了理论基础。到了 19 世纪末，金相这一名词也就获得了新的意义，并与金属和合金的显微组织结构结合在一起，此时金相显微镜也就成为研究金属内部组织结构的重要工具。后来金相研究的领域逐步扩展到不再限于显微镜观察了。

金相启蒙的标志性事件是德国科学家魏德曼施在1808年首先将铁陨石切成试片，经抛光后再用硝酸水溶液腐蚀，得出图1.18所示的组织。那时照相技术还没有出现，都是将观察结果描绘。魏德曼施使用类似古老的拓碑技术的方法将陨铁的表面图像拓印在图纸上，得到了图1.19所示的铁陨石图，可以说是世界第一张金相图片，图片之清晰可与近代金相照片媲美，魏德曼施也因此被认为是金相学的奠基人。

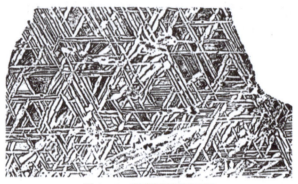

图 1.18　铁陨石表面组织

图 1.19　世界首张金相图——魏德曼施 1820 年拓印的铁陨石图

项目二　钢中非金属夹杂物检测

项目描述

通过 A 法检测钢中的非金属夹杂物，掌握钢中非金属夹杂物的检测方法。

学习目标

1. 知识目标

（1）能够掌握非金属夹杂物试样的制备方法。

（2）具备合理安排金相检测工艺流程的能力。

（3）能够正确评定钢中非金属夹杂物的级别。

2. 能力目标

（1）正确操作试样镶嵌机、抛光机和金相显微镜。

（2）正确地制备非金属夹杂物的试样。

（4）讨论分析试样制备过程对非金属夹杂物结果的影响。

（5）总结非金属夹杂物检测与其他金相检测项目（晶粒度）的区别。

（6）掌握如何准确地使用金相检测标准。

3. 素养目标

（1）小组成员共同制订计划和解决问题，有分歧、争议由小组长仲裁，训练学生的决策力和组织能力。

（2）查阅相关资料，对学习与工作进行总结和反思，训练学生集体互助和有效沟通能力。

（3）工作过程中遵守实验室规则，爱护、保养设备，养成良好的公德意识。

（4）培养精益求精的意识和工匠精神。

任务书

某企业需检测所生产的 17-8Mo 钢中的非金属夹杂物，因为非金属夹杂物对金属的力学性能影响巨大，故要求利用现有设备完成试样的制备和非金属夹杂物的评定，任务工作周期 16 学时。接受任务后，可以通过图书馆、网络下载、学银在线课程及校企合作企业查阅有关资料，学习相关的知识，获取钢中非金属夹杂物的检测标准（GB/T 10561—2023）。分组设计任务的完成流程，利用实验设备进行金相试样的制备，利用金相显微镜完成非金属夹杂物的检测工作，与企业专业检测人员进行数据比对，撰写反思和总结报告。每次工作完成后按照实验室管理规范清理场地、归置物品，并按照环保规定处置废弃物。

学生任务分配表与生产任务单分别见表2.1和表2.2。

表2.1　学生任务分配表

班级		组号		指导老师	
组长		学号			
组员	姓名	学号		姓名	学号
任务分工					

表2.2　生产任务单

委托单位/地址		项目负责人		委托人/电话	
委托日期		要求完成日期		商定完成日期	
任务名称		课题或生产令号		样品/材料名称	
样品编号		样品状态	固体	批号	
				炉号	
工作内容及要求 （包括检测标准等）	检测标准： 检测方向： 试样检测面尺寸：15 mm×25 mm				
备注	有需要请在报告中注明锻件代号：　　节号：　　袋号：				

引导问题 1：非金属夹杂物会对钢的性能产生什么影响？

引导问题 2：检验非金属夹杂物怎样取样？试样制备过程中注意哪些事项？

引导问题 3：非金属夹杂物分为哪五大类？各有什么特征？

引导问题 4：下图是 MR2100 型双目倒置金相显微镜的结构，请在横线处填上结构名称。

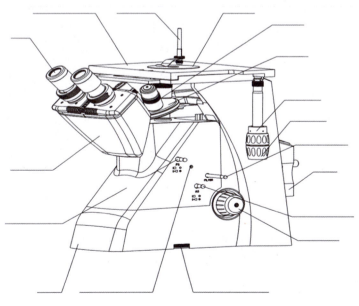

引导问题5： 仔细阅读检测标准，回答：非金属夹杂物检测方法中 A 法和 B 法有何区别？同一视场中有多种夹杂物时如何评定？

引导问题6： 请对下列金相图片中的夹杂物进行评级。（DS1，D1 细，D0.5 细，D0.5 粗）

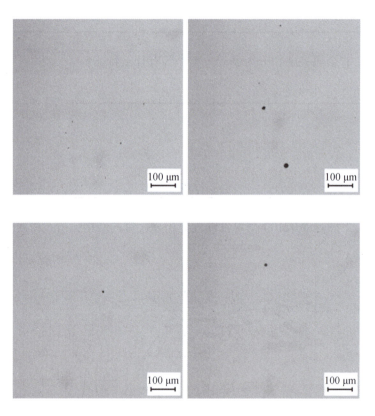

引导问题7： 根据上述工作，合理分配实验设备使用及操作人员，并填表2.3。

表 2.3　设备使用分工表

设备序号	设备名称	数量	设备代号	使用时间	使用人
1					
2					
3					
4					
5					
6					
7					
8					

引导问题 8：师生讨论并确定最合理的工艺流程及设备使用情况、实验室分组管理情况。

引导问题 9：本次非金属夹杂物检测使用哪种方法？理由是什么？放大倍数是多少？非金属夹杂物检测时视场的大小是多少？

引导问题 10：根据工艺路线和设备使用分工表，填写晶夹杂物检测工序表，见表 2.4。

表 2.4　夹杂物检测工序

工序号	工序内容	设备或材料	设备或材料规格（粒度）	设备转速/(r·min^{-1})	使用开始时间	使用结束时间
1						
2						
3						

工序号	工序内容	设备或材料	设备或材料 规格（粒度）	设备转速 /(r·min⁻¹)	使用开始时间	使用结束时间
4						
5						
6						
7						
8						
9						
10						
11						
12						

🔧 工作实施

引导问题 11： 试着分析一下非金属夹杂物的鉴别程序是怎样的。

引导问题 12： 使用磨抛机制备非金属夹杂物检测试样时的注意事项有哪些？

引导问题 13： 请你说一下，你是怎样清理并维护实验室及设备的。

引导问题 14： 根据检测过程和结果，请完成非金属夹杂物的金相检测报告，见表 2.5。

表 2.5　夹杂物金相检测报告

任务编号 Task number		客户名称 Name of customer	
样品名称 Name of sample		客户地址 Address of customer	
样品编号 Sample number		收样日期 Date of receipt	
材料批号 Batch number		样品状态 Sample status	
材料炉号 Heat number		材料的热处理制度 Heat treatment	
技术条件 Product specification		抽样标准 Sampling standard	
检测标准 Testing standard		检测地点 Test location	
环境条件 Environment condition		备注 Note	

报告内容 Report contents：

采用_____法对送检样品进行非金属夹杂物评定，总检测面积为_____，评定结果为_____。附每类和每个系列夹杂物最严重视场的显微组织形貌图。

结论 Conclusion：

检测人/日期：　　　　　　　　复核人/日期：　　　　　　　　批准人/日期：
Tested by/Date　　　　　　　Reviewed by/Date　　　　　　Approved by/Date

报告内容 Report contents：

引导问题16：按表2.6对金相试样的制备过程和质量，以及晶粒度的检测过程和结果进行评价，将结果填入表2.7中（其中自评和互评各占50%）。

表2.6　金相检测全过程评分

检测材料/编号				总得分			
项目与配分	序号	评分点	配分	评分标准	自评记录	互评记录	得分
制样操作过程 （60%）	1	取样	10	违反安全全扣			
	2	镶嵌	10	违反安全全扣			
	3	粗磨	10	没有冷却扣5分，违反安全全扣			
	4	细磨	10	习惯差每处扣2分，扣完为止			
	5	抛光	10	样品飞出扣2分，离开不关水、电全扣			
	6	腐蚀	10	违反操作规则全扣			
制样水平 （20%）	7	划痕	10	视场中三条以上每条扣2分，扣完重做			
	8	显示	5	过轻或过重扣5分			
	9	磨面平整度	5	磨面不平全扣，没有合格视场重做			
测定方法和正确性 （10%）	10	测定方法	5	标准选错全扣，重做			
	11	正确性	5	计算错误扣2分，公式错误全扣			
金相显微镜的使用 （倒扣分）	12	手直接扒拉物镜镜头	−5	倒扣			
	13	湿手操作显微镜	−5	倒扣			
	14	湿样品直接置于显微镜下观察	−5	倒扣			
	15	观察过程中用手在载物台直接推动试样	−5	倒扣			
6S （10%及倒扣分）	16	是否符合6S精神	10及倒扣	每违反一项扣2分，扣完可以倒扣			

评价反馈

评价表见表2.7～表2.9。

表2.7 活动过程评价小组自评表

班级			组名		日期	年 月 日
评价指标	评价要素				分数	分数评定
信息检索	能利用网络资源、工作手册查找有效信息，能通过与企业教师合理沟通获取有效信息；能用自己的语言有条理地去解释、表述所学知识；能将查找到的信息有效转换到工作中				10	
感知工作	是否熟悉各自的工作岗位，认同工作价值；在工作中是否获得满足感				5	
参与状态	与教师、企业员工、同学之间是否相互尊重、理解、平等；与教师、企业员工、同学之间是否能够保持多向、丰富、适宜的信息交流				15	
	探究学习，自主学习不流于形式，处理好合作学习和独立思考的关系，做到有效学习、深入探究相关标准；能提出有意义的问题或能发表个人见解；能按要求正确操作；能够倾听、协作分享				15	
学习方法	工作计划、操作技能是否符合规范要求，是否获得了进一步发展的能力				10	
工作过程	遵守实验室和企业管理规程，操作过程符合现场管理要求；平时上课的出勤情况和每天完成工作任务情况；善于多角度思考问题，能主动发现、提出有价值的问题				15	
思维状态	是否能发现问题、提出问题、分析问题、解决问题、创新问题				10	
自评反馈	按时按质完成工作任务；较好地掌握了金相分析技能；具有较强的信息分析能力和理解能力；具有较为全面、严谨的思维能力并能条理明晰地表述成文				20	
自评分数						
有益的经验和做法						
总结反思建议						

表 2.8　活动过程评价小组互评表

班级		被评组名		日期	年　月　日
评价指标	评价要素			分数	得分
信息检索	该组成员能否利用网络资源、工作手册查找有效信息，能否通过与企业教师合理沟通获取有效信息			10	
	该组成员能否用自己的语言有条理地去解释、表述所学知识			5	
	该组成员能否将查找到的信息有效转换到工作中			5	
感知工作	该组成员是否熟悉自己的工作岗位，并认同工作价值			5	
	该组成员在工作中是否获得满足感			5	
参与状态	该组成员与教师、企业员工、同学之间是否相互尊重、理解、平等			5	
	该组成员与教师、企业员工、同学之间是否能够保持多向、丰富、适宜的信息交流			5	
	该组成员能否处理好合作学习和独立思考的关系，做到有效学习			5	
	该组成员能否提出有意义的问题或发表个人见解；能否按要求正确操作；是否能够倾听、协作分享			5	
	该组成员能否积极参与，在金相检测过程中不断学习，虚心请教企业员工，综合运用信息技术的能力能否得到提高			5	
学习方法	该组成员的工作计划、金相试样制备技能是否符合规范要求			5	
	该组成员是否获得了进一步发展的能力			5	
工作过程	该组成员是否遵守实验室和企业管理规程，且操作过程符合现场管理要求			5	
	该组成员平时上课的出勤情况和每天完成工作任务情况			5	
	该组成员是否能制备出良好的金相试样及合理选用国家标准，善于多角度思考问题，并能主动发现、提出有价值的问题			10	
思维状态	该组成员是否能发现问题、提出问题、分析问题、解决问题、创新问题			5	
自评反馈	该组成员是否能严肃认真地对待自评，并能独立完成金相检测全过程任务			10	
互评分数					
简要评述					

表 2.9　教师评价表

班级			组名		姓名	
出勤情况						
一	任务描述、接受任务	口述任务内容细节	1. 表述仪态自然、吐字清晰	3	表述仪态不自然或吐字模糊扣1分	
			2. 表述思路清晰，层次分明、准确		表述思路模糊或层次不清扣2分	
二	任务分析、分组情况	依据材料和检测项目、成员特点分组、分工	根据任务情况及班级成员特点，分组、分工合理、明确	2	表述思路模糊或层次不清扣1分	
					分工不明确扣1分	
三	制订计划	试样制备流程	1. 试样制备流程完整（包括所用设备、材料、药品等）	10	漏掉工序或描述不清扣1分，扣完为止	
		标准和方法的选择	2. 准确的标准和方法	5	选错全扣	
四	计划实施	制备金相试样前准备	1. 工装穿戴整齐	5	穿戴不齐扣1分	
			2. 设备检查良好		没有检查扣1分	
			3. 准备金相砂纸		没有准备扣3分，多准备或少准备各扣1分	
			4. 配制抛光液	5	没有配制扣2分，配制浓度错误扣1分	
			5. 配制腐蚀液		没有配制扣3分，配错扣2分	
		金相试样制备	1. 正确使用设备	5	设备使用错误扣1分，扣完为止	
			2. 查阅资料，正确弥补制样缺陷	10	没有弥补每一项缺陷扣1分，扣完为止	
			3. 显微镜下金相组织质量	15	组织不清晰、划痕三条以上、试样表面不干净，酌情每项扣5分，扣完为止	
		实验室管理	1. 金相试样制备过程中6S精神	5	酌情扣分，扣完为止	
			2. 每天结束后清洁实验室，关闭水、电、门窗	10	每次不合格扣1分，扣完此项配分为止	

班级		组名		姓名		
出勤情况						
五	夹杂物的检测	检测报告	能正确完成检测任务，并填写检测报告	10	检测报告有错误全扣	
六	总结	任务总结	1. 依据自评分数	2		
			2. 依据互评分数	3		
			3. 依据个人总结评价报告	10	依总结内容是否到位酌情给分	
		合计		100		

项目的相关知识点

一、金相试样的制备

热镶嵌机、磨抛机制样注意事项。

1. 安全注意事项

（1）工作时请穿好工作服、安全鞋，戴好工作帽，最好戴护目镜。注意：不允许戴手套操作磨抛机。

（2）热镶嵌机开机前，检查进水口开关是否打开、出水管是否固定牢固，防止镶嵌过程被热水烫伤。

（3）某一项工作如需要两人或多人共同完成时，应注意相互间的协调一致。

（4）磨抛机每道工序均应清洗试样和磨抛盘，压力适中，防止磨料嵌入试样影响检测数据。

2. 工作前的准备工作

（1）镶嵌、磨抛前，检查热镶嵌机进水口开关是否打开、出水管是否固定牢固、设备电源情况是否安全。

（2）镶嵌、磨抛前，确定试样的检测面是否正确，本案例中为纵向。

（3）打开设备电源开关，检查设备通电是否正常。

二、钢中非金属夹杂物概述

1. 非金属夹杂物的来源

（1）脱硫、脱氧的产物。

（2）固溶的硫、氧、氮随着温度的降低、溶解度的下降析出并形成化合物。

（3）金属外界的物质相互作用，金属液在大气中氧化。

2. 非金属夹杂物对金属性能的影响

（1）金属中非金属夹杂物数量增多，金属的冲击韧性下降。

（2）金属中夹杂物数量增多，形状粗大，疲劳强度降低。

3. 夹杂物的种类

GB/T 10561—2023 中根据夹杂物的形态和分布分为 A、B、C、D 和 DS 五大类。

（1）A 类（硫化物类）：具有高延展性，有较宽范围形态比的单个灰色夹杂物，一般端部呈圆角，如图 2.1 所示。

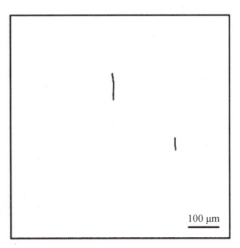

图 2.1　A 类（硫化物类）

（2）B 类（氧化铝类）：大多数没有变形、带角、形态比小（一般 <3）的黑色或带蓝色的颗粒，沿轧制方向排成一行（至少有 3 个颗粒），如图 2.2 所示。

（3）C 类（硅酸盐类）：具有高的延展性、边界光滑、有较宽范围形态比（一般 ≥3）的单个黑色或深灰色夹杂物，一般端部呈锐角，如图 2.3 所示。

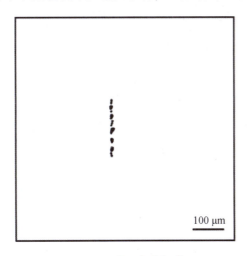

图 2.2　B 类（氧化铝类）

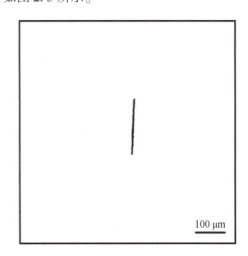

图 2.3　C 类（硅酸盐类）

（4）D 类（球状氧化物类）：不变形、带角或圆形、形态比小（一般 <3）的黑色或带蓝色的无规则分布的颗粒，如图 2.4 所示。

（5）DS 类（大颗粒球状氧化物类）：直径 >13 μm 的单颗粒 D 类夹杂物，如图 2.5 所示。

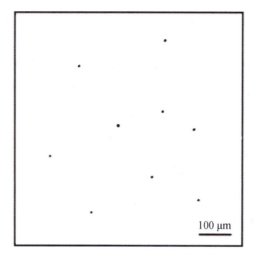

图2.4 D类（球状氧化物类）

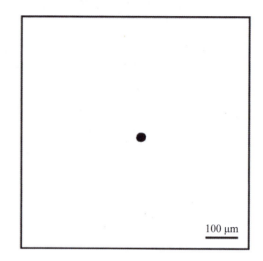

图2-5 DS类（大颗粒球状氧化物类）

其中A类和C类夹杂物都为条状，不好分辨，可以借助显微镜的暗场进行分析，一般C类夹杂物在暗场下可以清晰看见，A类夹杂物比较模糊。

表2.10给出了每类夹杂物0.5~5.0级的评级界限。A类、B类、C类、D类夹杂物根据其宽度的不同又可分成细系和粗系两个系列，具体宽度划分界限见表2.11。

表2.10 评级界限（最小值）

评级图级别 i	夹杂物类别				
	A	B	C	D	DS
	总长度/μm	总长度/μm	总长度/μm	数量/个	直径/μm
0.5	≥37	≥17	≥18	≥1	≥13
1.0	≥127	≥77	≥76	≥4	≥19
1.5	≥261	≥184	≥176	≥9	≥27
2.0	≥436	≥343	≥320	≥16	≥38
2.5	≥649	≥555	≥510	≥25	≥53
3.0	≥898	≥822	≥746	≥36	≥76
3.5	≥1 181	≥1 147	≥1 029	≥49	≥107
4.0	≥1 498	≥1 530	≥1 359	≥64	≥151
4.5	≥1 848	≥1 973	≥1 737	≥81	≥214
5.0	≥2 230	≥2 476	≥2 163	≥100	≥303

表 2.11　夹杂物的宽度　　　　　　　　　　　　　　　　　　　　　　　　μm

类别	细系		粗系	
	最小宽度	最大宽度	最小宽度	最大宽度
A	≥2	≤4	>4	≤12
B	≥2	≤9	>9	≤15
C	≥2	≤5	>5	≤12
D	≥2	≤8	>8	≤13

三、钢中非金属夹杂物的评定过程

非金属夹杂物的存在使金属基体的均匀连续性受到破坏，非金属夹杂在钢中的形态、含量和分布情况都不同程度地影响着金属的各种性能，诸如常规力学性能、疲劳性能、加工性能等。因此，非金属夹杂物的测定与评定引起人们的普遍重视，夹杂物的含量和分布状况等往往被认为是评定钢的冶金质量的一个重要指标，并被列为优质钢和高级钢的常规金相检测项目之一。国家标准局颁发了 GB/T 10561—2023《钢中非金属夹杂物含量的测定标准评级图显微检验法》，代替了 GB/T 10561—2005《钢中非金属夹杂物含量的测定标准评级图显微检验法》，新国标中增加了夹杂物的评定示（实）例。下面通过真实案例不锈钢中非金属夹杂物的检测过程来给大家来讲解怎样检验钢中的非金属夹杂物。

1. 检测标准及要求

（1）材料名称：1Cr13。

（2）检测标准：GB/T 10561—2023。

（3）检测试样（工件名称）：不锈钢棒材（直径为 20 mm）。

（4）检测要求：客户提供取样图及委托单，委托第三方取样机构进行取样，检测面为通过直径的整个截面，保证总检测面积为 200 mm²。

（5）检测设备：Axio Scope. A1 正置金相显微镜。

2. 样品的制备

（1）为了使检测面平整，避免抛光时试样边缘磨成圆角，试样可用夹具或镶嵌的方法加以固定。

（2）试样磨抛时，应避免夹杂物的剥落、变形或抛光表面被污染，以保证检测面干净和夹杂物的形态不受影响。当夹杂物细小时，上述操作要点尤其重要。在某些情况下，为了使试样达到较高的硬度，在抛光前试样可进行热处理。表 2.12 给出了使用 MECATECH234 自动研磨抛光机进行试样磨抛的参数，磨制过程中头和盘的转速为同向，抛光时头和盘的转速为反向。每次更换砂纸取下卡具，连同试样用水清洗，清洁完毕后再进行下一步操作。抛光完毕后用乙醇清洗试样表面，并用风机吹干，样品表面应没有污染、加工痕迹、磨抛痕迹或过热。

表 2.12　MECATECH234 研磨抛光机磨抛参数

砂纸号数	时间/s	压力/N	转速/(r·min⁻¹)	转向
120#	540	20	盘：300；头：150	同向
600#	360	20	盘：300；头：150	同向
1200#	420	20	盘：300；头：150	同向
抛光（绒布）	420	20	盘：300；头：150	反向

3. 检测方法

（1）检测状态：样品抛光后，在未腐蚀状态下进行检测。

（2）视场选择：本次采用 A 法对送检样品进行非金属夹杂物的检测，即放大倍数为 100 倍，对于每一类夹杂物，按照粗系和细系选取最恶劣的视场，在视场中用边长为 71 mm 的正方形（面积为 0.5 mm²）轮廓框选取最严重区域进行评级。本试样中夹杂物最严重的视场如图 2.6 所示。

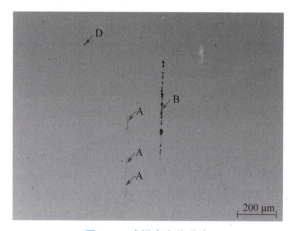

图 2.6　试样夹杂物分布

（3）夹杂物的类别：在图 2.6 中，B 箭头标记的夹杂物由形态比小于 3 的黑色颗粒组成，沿轧制方向排成一列，单个颗粒大多数无变形，该夹杂物被评定为 B 类夹杂物；在图 2.6 中，A 箭头标记的 3 条夹杂物有较宽范围的形态比，具有高延展性，沿着轧制方向有较大变形，颜色呈灰色，在暗场下不发光，模糊不清，该夹杂物被评定为 A 类夹杂物；在图 2.6 中，类似 D 箭头标记的众多黑色颗粒夹杂物的直径小于 13 μm，未变形，无规则分布，该类夹杂物被评定为 D 类夹杂物。

（4）夹杂物级别评定：B 类夹杂物完全可框选在边长为 71 mm 的正方形框中，如图 2.7 所示，测量夹杂物的长度为 470 μm，根据表 2.10 的评定界限，介于 2.0~2.5 级之间，根据 GB/T 10561—2023 中 A 法和 B 法通则规定，当视场介于相邻两个级别之间时，应该评为较低的一级，所以 B 类夹杂物的级别评定为 2.0 级，夹杂物的最大宽度为 10 μm，根据表 2.11 中夹杂物的宽度，B 类夹杂物被评定为粗系，结果记为 BH2.0。

A 类夹杂物也完全可框选在边长为 71 mm 的正方形框中，如图 2.8 所示，从上到下三条夹杂物链的长度依次为 100 μm、110 μm 和 70 μm，从上到下第一条夹杂物链和第二条夹杂

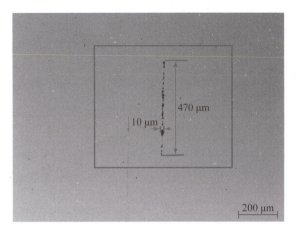

图 2.7　B 类夹杂物长度及宽度

物链之间的垂直距离为 110 μm，大于 40 μm，根据 GB/T 10561—2023 中 A 法和 B 法通则规定，第一条夹杂物链和第二条夹杂物链应该视为两条链，不能合并，第二条夹杂物链和第三条夹杂物链之间的垂直距离为 20 μm，小于 40 μm；根据 GB/T 10561—2023 中 A 法和 B 法通则规定，应该将第二条夹杂物链和第三条夹杂物链合并为一条夹杂物链处理，合并后夹杂物链的长度为 200 μm，则 A 类夹杂物链的总长度为第一条夹杂物链的长度加上合并后夹杂物链的长度，即 100 μm 加上 200 μm 等于 300 μm。根据表 2.10 的评定界限，介于 1.5 ~ 2.0 级之间，根据 GB/T 10561—2023 中 A 法和 B 法通则规定，当视场介于相邻两个级别之间时，应该评为较低的一级，所以 A 类夹杂物的级别被评定为 1.5 级，A 类夹杂物的宽度小于 4 μm，被评为细系，结果记为 AT1.5。

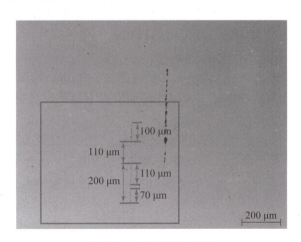

图 2.8　A 类夹杂物长度

　　接下来我们来熟悉一下 D 类夹杂物如何评级，在边长为 71 mm 的正方形框中最多可以框选 10 个 D 类夹杂物，如图 2.9 所示，根据表 2.10 的评定界限，介于 1.5 ~ 2.0 级之间，根据 GB/T 10561—2023 中 A 法和 B 法通则规定，当视场介于相邻两个级别之间时，应该评为较低的一级，所以 D 类夹杂物的级别被评定为 1.5 级，D 类夹杂物的直径小于 8 μm，被评为细系，结果记为 DT1.5。

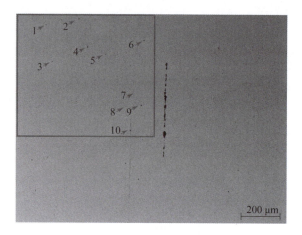

非金属夹杂物的
金相检验案例

图 2.9　D 类夹杂物数量

综上所述，本试样非金属夹杂物的评定结果为 BH2.0、AT1.5、DT1.5。

5. 注意

采用 A 法评定夹杂物时，一定要注意以下几点：

（1）检测样品的面积不小于 200 mm²，试样磨抛时，应避免夹杂物的剥落、变形或抛光表面被污染，引起检测误差。

（2）非金属夹杂物是在非腐蚀状态下检测，放大倍数为 100 倍，检测整个检测面，选择每类夹杂物粗系和细系最严重的视场，再用 71 mm 的正方形框选最恶劣的区域进行评级。

（3）对于 A、B、C 类链状夹杂物，当有多条链时，若垂直距离小于等于 40 μm，水平距离小于等于 15 μm，应合并为一条链计算长度，最后计算总长度进行评级。

（4）对于 A、B、C 类夹杂物，当宽度超过粗系的最大尺寸时，应评定为超宽度超尺寸，宽度超尺寸纳入粗系进行评级。

（5）对于 A、B、C 类夹杂物，若有链的长度超过 710 μm，则该链无法框在 71 mm 的正方形框中，该链的长度记为 710 μm，以 710 μm 计算所有链的总长度后进行评级，结果评定为长度超尺寸。

（6）对于 D 类夹杂物，若直径超过粗系的最大尺寸，即直径大于 13 μm，则评定为 DS 类夹杂物，实际上，DS 类夹杂物就是 D 类夹杂物的超尺寸。

（7）在夹杂物评定时，我们一定要认真仔细，再在整个检测面上找每类夹杂物最严重的视场，若粗心大意没有找到最严重的视场，那评定的结果肯定是错误的，认真仔细是检测人员必备的素质。

四、光学知识

1. 偏振光

1）偏振光的基础知识

普通光源发出的光一般都属于自然光，光是一种电磁波，由两个相互垂直的电矢量 E 和磁矢量 H 表示，其中对人眼感光的主要是电矢量，所以把电矢量又称为光的振动矢量，简称光矢。光波的振动方向与光波的传播方向垂直，所以光波属于横波。自然光的光矢在任意方向上均匀分布，而偏振光的光矢只在某一固定方向振动，即每一时刻只有一个光矢方向。

2）获得偏振光的方法

自然光通过某些光学元件后出射的光线，光矢只在某一固定方向振动，这种光就称为偏振光。

获得偏振光的光学元件主要有两类：

第一类叫作偏振棱镜，以尼科尔棱镜为代表，它是利用晶体的双折射现象制成的偏振元件。当一束光线入射到光学各向异性介质中时，将分解为两束折射光线，分别称为 o 光和 e 光，这两束光线都是偏振光。

第二类叫偏振片，偏振片的原理是利用晶体的二向色性。

某些晶体能强烈地吸收寻常光线（o 光），而对非常光线（e 光）吸收却很少，称为晶体的二向色性。利用这类晶体制作的偏振元件，称为偏振片。

偏振光基础知

2. 偏振光的种类

1）波片的定义

当光线沿着双折射晶体的光轴入射时，o 光与 e 光完全重合，没有双折射现象；而当光线垂直于光轴入射时，o 光与 e 光传播方向相同，但速度相差最大。利用这个现象，我们在双折射晶体上沿平行于光轴的方向切下一个薄片，使晶体表面与光轴平行，这样的晶片称为阻波片，简称波片。

2）波片的种类

光线通过的阻波片越厚，出射的 o 光与 e 光的波前距相差越大。如果波片的厚度使出射的 o 光与 e 光波前距相差一个波长或波长的整数倍，则称为全波片。如果波片的厚度使 o 光与 e 光的波前距相差半个波长或半个波长的奇数倍，则称为半波片，以此类推。需要注意的是，全波片、半波片等都是相对某一特定波长的入射光而言的，当更换其他波长的光源照射时，就不再是全波片或半波片了。

偏振光种类

3）利用波片获得不同类型偏振光

自然光通过波片产生的 o 光与 e 光虽然频率相同，但没有固定的相位差，不能合成为偏振光。但直线偏振光照射到波片上，分解出的 o 光与 e 光频率相同，且具有固定的相位差，可以进行合成。合成后的光矢末端轨迹正对光的传播方向观察时呈椭圆或圆形，称为椭圆偏振光或圆偏振光。各类偏振光的形成主要与波片的厚度有关：如果直线偏振光垂直入射到全波片或半波片上，则通过后仍然获得直线偏振光；如果直线偏振光以 45° 入射到 1/4 片上，则通过后获得圆偏振光；当直线偏振光入射到除全波片、半波片以及 1/4 波片以外的其他任意波片上时，获得椭圆偏振光。

4）鉴别不同类型的偏振光

当起偏振镜与检偏振镜的偏振轴正交时，有消光现象的是直线偏振光，没有消光现象的是椭圆偏振光或圆偏振光；当旋转检偏振镜时，有光强变化的是椭圆偏振光，没有光强变化的是圆偏振光。

3. 偏振光金相分析原理

1）双反射现象

当偏振光照射到各向异性的金属磨面上时，则会发生双反射现象。所谓双反射，是指一束直线偏振光照射到各向异性金属磨面上，会分解为两束振动面相互垂直的线偏振光反射出来，分别沿着晶体的主方向和垂直于主方向的方向振动。一般我们把金属表面的主方向也称为光轴，两束反射偏振光也称为o光和e光。双反射现象会使入射的直线偏振光反射光的振动方向发生变化，在正交偏振光下可以看到。

设入射偏振光的振动面与晶体光轴的夹角为φ，反射光的振动面发生了旋转。若反射光的振动面与光轴的夹角为φ_1，则旋转角度$\omega = \varphi - \varphi_1$。

振动面旋转角ω的大小与入射光振动方向和光轴的夹角φ有关。当φ等于$\pi/2$的整数倍时，$\omega = 0$，振动面不发生旋转；当φ等于$\pi/4$的奇数倍时，ω最大，振动面旋转最大。如果我们用正交偏振光观察各向异性单晶体，旋转载物台一周，则当$\varphi = \pi/4$、$3\pi/4$、$5\pi/4$、$7\pi/4$时，ω最大，通过检偏振镜光线最强；当$\varphi = 0$、$\pi/2$、π、$3\pi/2$时，$\omega = 0$，没有光线通过检偏振镜（即出现消光现象），在一个周期内四次明亮和四次暗黑的消光现象交替出现。

偏振光金相
分析原理

4. 偏振光在金相分析中的应用

1）偏振光观察透明夹杂物

非金属夹杂物中有不少是透明并带有色彩的，这些夹杂物在明场照明时，金属基体的反射光线和夹杂物界面的反射光线混合进入物镜，无法辨别夹杂物的透明度和色彩；采用正交偏振光观察时，金属基体的反射光仍为直线偏振光，出现暗黑的消光现象，而夹杂物与金属基体界面处的反射光为椭圆偏振光，可以通过检偏振镜，因此透明夹杂物呈明亮色。球状透明的夹杂物在正交偏振光下呈现出一种特有的黑十字现象。

2）偏振光观察各向异性多晶体

在各向异性多晶体试样上，由于各个晶粒的光轴位向不同，在偏振光照明下，入射光和每个晶粒光轴的夹角φ也就各不相同，故反射偏振光振动面的旋转角ω就各不一致，旋转角越大，偏离消光位置越远，晶粒的亮度就越大，故观察到有的晶粒明亮，有的晶粒暗黑，有的介于二者之间。因此在正交偏振光下，可以直接观察到各向异性多晶体磨面上的晶粒，而不需要进行化学腐蚀。

3）偏振光观察同性金属

当直线偏振光垂直照射在各向同性的金属表面时，其反射光仍为直线偏振光，被正交的检偏振镜阻挡，产生消光现象。而当直线偏振光倾斜照射在各向同性的金属表面时，其反射光则为椭圆偏振光。当各向同性金属试样经深浸蚀后，由于各晶粒的位向不同，故较易受浸蚀的晶面以不同的倾斜度呈现出来，反射出不同椭圆度的椭圆偏振光，呈现出不同的明暗程度，从而对各向同性金属进行鉴别。

五、金相显微镜基础知识

光学金相显微镜是研究金属显微组织最常用且最重要的工具。光学金相显微镜的组成包括光学系统、照明系统、机械系统和摄影系统。

偏振光金相
分析应用

1. 凸透镜

凸透镜成像，当物距大于2倍焦距时，成倒立缩小实像；当物距小于1倍焦距时，成正立放大虚像。

2. 像差

1）像差的定义和种类

像差的定义：实际成像与理想成像之间的偏差。

透镜

一般按照光源的特点，像差可分为多色光成像的像差（统称为色差），还有单色光成像的像差。

（1）轴向色差。

轴向色差是不同波长的光像点之间的轴向距离，这是拍照片常出现蓝紫边的原因。

色差的校正有两种方法：一是缩小成像范围；二是根据前面的凸透镜和凹透镜成像原理，可以选择组合透镜。

（2）单色光照明引起的相差。

第一种：球差，由主轴上某一物点发出的单色圆锥形光束，经折射后，不能交于主轴上的同一位置，形成一弥散光斑（俗称模糊圈），这种像差称为球差。球差产生原因：透镜为球面透镜，近轴光线和远轴光线不能会聚在同一点上。球差的校正：可以采用组合透镜或非球面透镜来校正，还可以通过缩小成像范围来校正。

像差

第二种：场曲，垂直于主轴的平面状物体，经过透镜成像后，其清晰影像在以主轴为对称的弯曲表面上，即最佳像面为一曲面，这种像差称为场曲。当调焦至画面中央处的影像清晰时，画面四周的影像模糊；而当调焦至画面四周处的影像清晰时，画面中央处的影像又开始模糊。场曲产生原因：近轴光线与远轴光线的像点不在同一平面。

场曲的校正方法：组合透镜；缩小成像范围。

第三种：畸变，即光学系统将拍摄物主轴之外的直线进行成像后变成曲线的像差。原因是近轴光线与远轴光线放大率不同，理论上讲畸变只会影响像的几何形状，不会影响清晰度，这与前面两个像差有着本质上的区别，畸变的校正方法就是组合透镜。

2）像差危害

像差一会影响像的清晰度，二会影响像与物的相似性。像差校正程度，标志着光学系统成像质量：像差校正越完全的透镜成像质量越好，应力求将像差减至最小程度，但是像差是无法被完全消除的。

3. 物镜

物镜是显微镜中最重要的光学元件，决定显微镜的分辨率及成像质量。

1）物镜的分类

按像差校正程度分：消色差物镜，复消色差物镜，半复消色差物镜。

按使用介质分：干系物镜，液浸系物镜。

按放大倍数分：低倍物镜（放大倍数小于10倍），中倍物镜（放大倍数为10～25倍），高倍物镜（放大倍数为35～63倍），油浸高倍（放大倍数为90～100倍）。

按像场的平面性分：平场消色差物镜，平场复消色差物镜，平场半复消色差物镜。

物镜的分类见表2.13。

2）物镜的性能

（1）数值孔径：它表征物镜的聚光能力，用 NA 表示，公式为

$$NA = n\sin\theta \tag{1}$$

表 2.13　物镜的分类

编号	物镜	色差校正	球差校正	场曲	标志
1	平场消色差物镜 Achromatic objective	红、蓝波区	黄、绿波区	存在	ACH
2	平场复消色差物镜 Apochromatic objective	红、绿、蓝波区	红、蓝波区	存在	APO
3	平场半复消色差物镜 Semi Apochromatic objective	红、蓝波区	红、蓝波区	存在	FL
4	平场物镜 Plan objective	存在	存在	已校正	PLAN
5	平场消色差物镜 PlanAchromatic objective	红、蓝波区	黄、绿波区	已校正	A – PLAN
6	平场复消色差物镜 Plan Apochromatic objective	红、绿、蓝波区	红、蓝波区	已校正	PLAN APO

式中：n——物镜和试样间介质的折射率；

θ——孔径角。

根据公式，增大 NA 的途径有：采用高折射率的介质；增大孔径角，而增大孔径角的方法有增大物镜直径和缩短物镜焦距，孔径角一般不会超过 $72°$，孔径角过大易增大像差。干系物镜 $NA \leqslant 0.95$，油浸系物镜 $NA \leqslant 1.43$。

显微镜的
光学技术参数

（2）分辨能力：也叫作分辨率或鉴别能力，即物镜对显微组织构成清晰可分辨像的能力，一般用能分辨的两点间最小距离的倒数（$1/d$）表示。分辨率的公式为

$$d = \frac{\lambda}{2NA} \tag{2}$$

式中：λ——入射光的波长；

NA——物镜的数值孔径。

提高分辨能力就是降低物镜能分辨的两点间的最小距离，具体措施有：采用短波长的入射光；增大数值孔径。增大数值孔经 NA 的途径就是采用高折射率的介质，增大孔径角，其方法有增大物镜直径和缩短物镜焦距。

（3）放大倍数：物镜的分辨能力决定了显微镜的有效放大倍数，人眼的最小分辨距离 $\delta = 0.15 \sim 0.30 \text{ mm}$，物镜的最小分辨距离见公式（2），那么显微镜的有效放大倍数就是人眼能分辨的最小距离 δ 除以显微镜能分辨的最小距离 d，经过推导，再代入黄绿光的波长，即得到金相显微镜的有效放大倍数为 $500 \sim 1\,000$ 倍的数值孔径。

（4）景深：物镜对于高低不平的物体清晰成像的能力，以物体同时清晰成像时最高点到最低点之间的距离 d_L 表示。显微镜的放大倍数越大或数值孔径越大，则景深越小。

3) 物镜的工作距离

物镜的工作距离,即清晰成像时物镜与试样之间的轴向距离。物镜的放大倍数越大,数值孔径越大,工作距离就越小。高倍物镜的工作距离极小,调焦时应小心操作。

3. 显微镜的照明系统

1) 常用光源

(1) 低压钨丝灯,也叫低压白炽灯。这种光源的优点是亮而均匀,安全,成本又低。但是这种光源效率比较低,90% 的电能都转化为热能散失了,而且寿命还短,所以现在这种低压钨丝灯已经逐渐被其他光源所取代。这种灯泡的工作电压是 6 ~ 12 V,必须配用专用的降压变压器。现在生产的金相显微镜都带有内置的降压变压器,所以可以直接与生活电源相连接。

显微镜的
物镜和目镜

(2) 卤钨灯,它是具有石英外壳的耐高温灯泡,内部充有卤化物,卤化物主要是溴化物或者是碘化物。卤钨灯主要是依靠卤钨循环,使灯泡效率高、寿命长,应用比较广泛。

(3) 氙灯。氙灯也具有石英外壳,灯内充有氙气。氙灯工作是利用瞬时的高压使氙气电离,再通过弧光放电保证光源持续、稳定。这种灯的效率高,光线也强,发光也稳定,近似日光,但是要注意的就是防止氙气爆炸,而且不适合频繁的开关,每次开关间隔要在 10 min 以上。

2) 光源使用方法

(1) 科勒照明,光源的一次像聚焦在孔径光阑处,再通过物镜出射平行光束照在试样表面。科勒照明成像均匀,照明效果好,应用广泛。

(2) 临界照明,光源的一次像聚焦在视场光阑处,再通过物镜聚焦在试样表面。临界照明亮度高,但照明不均,适于高倍摄影,应用少。

3) 照明方法

(1) 明场照明。明场照明的特点是光束两次穿过物镜,物镜具有聚光和放大的双重作用。明场照明所获得的组织表面平坦的部分比较明亮,凹陷的部分是暗黑的,显微组织是黑色的影像衬在明亮的视场内,所以叫作明场照明。

(2) 暗场照明。暗场照明要先获得环形的光束,环形的光束通过垂直照明器反射到曲面反射镜上,曲面反射镜再把光线直接反射照到试样的表面,也就是暗场照明的入射光线是不通过物镜的。对于试样表面比较平坦的部位,光线将以极大的倾斜角度反射,而不能进入物镜成像,此时在目镜视场内只能观察到一片暗黑。试样经过抛光腐蚀后,浸蚀的组织凹陷部分发生散射,散射光线有一部分可进入物镜成像,平坦部分的反射光不进入物镜。这样试样的组织便以明亮的物象衬在黑暗的视场内,暗场照明由此得名。

4) 显微镜的光学行程

(1) 直立式光程也叫作正立式光程,它的特点是试样磨面向上、物镜向下。

(2) 倒立式光程,特点是试样磨面向下而物镜向上,其应用较多。

显微镜的照明系统

显微镜的使用

4. 夹杂物的金相检验教学视频

非金属夹杂物的金相检验视频

推荐标准及资料：

1. GB/T 10561—2023《钢中非金属夹杂物含量的测定　标准评级图显微检验法》

GB/T 10561—2023《钢中非金属夹杂物含量的测定　标准评级图显微检验法》

 金相小故事

　　偏振现象的研究可以追溯到 18 世纪末。法国物理学家马尔斯布鲁克通过实验证实了光的振动性质，并提出了假设，认为光是一种横波。然而，他并没有深入研究光的偏振现象。之后，法国物理学家卢瑟福德·菲尔斯在 1821 年进行了一系列的实验研究，首次观察到了光的偏振现象，并证实光的振动方向与光的传播方向有关。菲尔斯的实验结果引起了英国物理学家托马斯·杨的关注。托马斯·杨进一步研究了光的偏振现象，并提出了著名的杨氏实验，即证明了光的振动方向是特定的，而不是沿着任意方向振动的。

　　随后，法国物理学家阿拉戈和英国物理学家斯托克斯在 19 世纪中叶分别独立地提出了光的偏振理论。20 世纪初，物理学家马克斯·玻恩提出了量子力学的理论，成功地解释了光的偏振现象。

　　在现代光学中，偏振现象已经广泛应用于许多领域。例如，在光学通信中，偏振现象可以用于增强光信号的传输效果；在光学显微镜中，偏振现象可以用于观察与分析材料的结构和性质；在光电子学中，偏振现象可以用于制造偏振器件和光学器件等。

　　1863 年，英国的 H. C. Sorby 首次用显微镜观察经抛光并腐刻的钢铁试片，从而揭开了金相学的序幕。他在锻铁中观察到类似魏氏在铁陨石中观察到的组织，并称为魏氏组织。后来他又进一步完善了金相抛光技术，例如把钢样磨成 0.025 mm 的试片，并在摄影师的协助下拍摄了钢与铁的显微像，基本上弄清了其中的主要相，并对钢的淬火、回火等相变做了到现在看来还基本上是正确的解释。索氏是国际公认的金相学创建人，特别是在英国和美国，都在 1963 年召开了金相学诞生一百周年报告会，纪念索氏在 1863 年的发现。他的姓氏还被用来命名钢中的一种淬火或回火组织——Sorbite，即索氏体。

索氏在 1826 年出生于英国钢城 Sheffield 中的一个钢铁世家中，他的祖先开了两家刀具厂，他继承了其中之一。不过他生性酷爱自然，很少过问他的产业，一直是一个从事地质与金属研究的自由研究工作者。1850 年，24 岁的索氏创建了岩相学，被称为"岩相学之父"。索氏晚年还热心教育，任 Sheffield 大学的第一任校长。他终生未婚，以探讨自然奥秘为乐，共发表论文 230 篇，其中地质方面约 100 篇，金属方面仅 15 篇。由此可见他的主要兴趣还是在地质方面。

索氏在钢铁的显微镜观察中发现的主要相包括：

（1）自由铁（1890 年美国著名金相学家 Howe 命名为 Ferrite，即铁素体）。

（2）碳含量高的极硬化合物（1881 年 Apel 用电化学分离方法确定为 Fe3C，1890 年 Howe 命名为 Cementite，即渗碳体）。

（3）由前两者组成的片层状珠状组织 Pearly Constituent（Howe 命名为 Pearlite，即珠光体）。

（4）石墨。

（5）夹杂物。

他对珠光体的描述非常引人入胜，我们把他在 1886 年的论述中的一段话译出如下："珠状组织中的片层经常很薄，软的铁片层的厚度约为 1/40 000 英寸①，硬物为 1/80 000 英寸，因此有间距约为 1/60 000 英寸的棱脊和沟槽交替排列。这种特殊组织的唯一能令人满意的解释可能就是：在高温时铁与碳生成一种稳定的化合物，在低一些温度下不再稳定，分解为上述两种物质"。

---

① 1 英寸 = 2.54 厘米。

项目三 结构钢的典型金相检测

项目描述

　　本项目是进阶部分，经过前面两个项目的完成和学习，已经掌握金相试样的制备过程和方法，同时熟悉了基础光学知识和金相显微镜的使用。本项目选取常见的结构钢检测为载体，共有三个任务，本次任务不仅考察同学们对金相检测方法的使用，还考察大家对结构钢的知识掌握程度。通过本项目的学习，学习者基本熟悉结构钢的金相检测方法，同时也能够对结构钢的组织、性能、用途进一步熟悉。建议 30 个学时完成。

学习目标

1. 知识目标

（1）结构钢的金相分析检测方法。
（2）结构钢的组织结构和性能用途。
（3）其他结构钢的金相检测项目。

2. 能力目标

（1）能够正确、独立操作砂轮切割机、砂轮机、抛光机和金相显微镜。
（2）具备合理安排金相检测工艺流程的能力。
（3）能够安全、正确地配备金相试样腐蚀液。
（4）能够收集、整理、提炼资料。

3. 素养目标

（1）训练决策力和组织能力。
（2）训练集体互助和有效沟通能力。
（3）工作过程中养成良好的公德意识。
（4）培养劳动精神和劳模精神。

任务一　20钢带状组织检测

任务书

　　某企业热轧后的 20 钢产生了带状组织，要求对其进行评级，任务工作周期 6 学时。接受任务后，请快速查阅有关的资料，学习相关的知识，获取金相试样制备及 20 钢带状组织检测相关标准等有效信息。分组设计任务的完成流程，利用实验设备进行金相试样的制备，利用金相显微镜完成金相检测工作，建议将检测结果交付校企合作检测公司核对和验收，验收合格后，撰写反思和总结报告。每次工作完成后按照实验室管理规范清理场地、归置物品，并按照环保规定处置废弃物。

任务分组

学生任务分配表与生产任务单见表 3.1.1 和表 3.1.2。

表 3.1.1 学生任务分配表

班级			组号			指导老师	
组长			学号				
组员		姓名	学号		姓名	学号	
任务分工							

表 3.1.2 生产任务单

委托单位/地址		项目负责人		委托人/电话	
委托日期		要求完成日期		商定完成日期	
任务名称		课题或生产令号		样品/材料名称	
样品编号		样品状态	固体	批号	
				炉号	
工作内容及要求（包括检测标准等）					
备注	有需要请在报告中注明锻件代号：		节号：	袋号：	

引导问题 1：20 钢带状组织评定使用哪个标准？该标准适用于哪些钢？该标准还可以评定哪些组织评定方法？

引导问题 2：20 钢有哪些用途？与 20CrMnTi 比较，它们有什么异同点？

引导问题 3：国标上规定 20 钢带状组织评定怎样取样？适用哪一个系列？选择多少个视场？

引导问题 4：根据国标上的组织评定原则，此次评定选择国标上的哪一个系列？

工作计划

引导问题 5：本次任务团队成员怎样分工？与其他团队是否沟通实验设备的使用及实验室的清洁、维护分工工作？具体实施细则是什么？

引导问题 6：根据材料特点，选择何种腐蚀液？如何配制腐蚀液？

进行决策

引导问题 7：根据上述工作，合理分配实验设备使用及操作人员，见表 3.1.3。

表 3.1.3　设备使用分工表

设备序号	设备名称	数量	设备代号	使用时间	使用人
1					
2					
3					
4					
5					
6					
7					

引导问题 8：预判一下，下图 20 钢的带状组织属于国家标准中的哪一个系、哪一个级别。（放大 100 倍）

引导问题9：根据工艺路线和设备使用分工表，填写金相检测工序表，见表 3.1.4。

表 3.1.4　金相检测工序

工序号	工序内容	设备或材料	设备或材料规格（粒度）	设备转速 /(r·min^{-1})	使用开始时间	使用结束时间
1						
2						
3						
4						
5						
6						
7						
8						
9						
10						
11						
12						

工作实施

引导问题10：根据试样的尺寸，采用何种制样方法？计划多久完成试样制备？

引导问题11：根据本次检测任务和材料，选择哪种抛光剂比较经济？

引导问题 **12**：请大家试着根据标准评判一下下图 ZG30 钢的魏氏体组织属于哪一个系、哪一个级别。（放大 100 倍）

引导问题 **13**：根据所检测的材料和所选用的检测方法，配制腐蚀剂（若使用前面任务的剩余，也在表 3.1.5 中说明，并注明用量和剩余量）。

表 3.1.5　金相检测所用腐蚀剂

检测材料		配制人		配制腐蚀剂过程记录	
金相检测方法		药品用量			
腐蚀剂种类		剩余量			
腐蚀剂选择依据		剩余腐蚀剂处理			

引导问题 **15**：根据检测过程和结果，请完成金相检测报告，见表 3.1.6。

表 3.1.6　金相检测报告

任务编号 Task number		客户名称 Name of customer	
样品名称 Name of sample		客户地址 Address of customer	
样品编号 Sample number	N/A	收样日期 Date of receipt	
材料批号 Batch number	N/A	样品状态 Sample status	固体
材料炉号 Heat number		材料的热处理制度 Heat treatment	热处理后
技术条件 Product specification	N/A	抽样标准 Sampling standard	

检测标准 Testing standard		检测地点 Test location	
环境条件 Environment condition		备注 Note	

报告内容 Report contents：

采用_____法对送检 20 钢样品进行带状评定，评定结果填入表 1。附一张最严重视场组织形貌图。

结论 Conclusion：

检测人/日期：
Tested by/Date

复核人/日期：
Reviewed by/Date

批准人/日期：
Approved by/Date

报告内容：

表 1　带状组织级别评定结果

样品名称	带状组织级别	备注

评价反馈

引导问题 16：按表 3.1.7 对金相试样的制备过程和质量，以及金相检测过程和结果进行评价，并将结果填入表 3.1.8 和表 3.1.9 中（其中自评和互评各占 50%）。

表 3.1.7　金相检测全过程评分

检测材料/编号				总得分			
项目与配分	序号	评分点	配分	评分标准	自测记录	互测记录	得分
制样操作过程 （60%）	1	取样	10	违反安全全扣			
	2	镶嵌	10	违反安全全扣			
	3	粗磨	10	没有冷却扣 5 分，违反安全全扣			
	4	细磨	10	习惯差每处扣 2 分，扣完为止			
	5	抛光	10	样品飞出扣 2 分，离开不关水、电全扣			
	6	腐蚀	10	违反操作规则全扣			
制样水平 （20%）	7	划痕	10	视场中三条以上每条扣 2 分，扣完重做			
	8	显示	5	过轻或过重扣 5 分			
	9	磨面平整度	5	磨面不平全扣，没有合格视场重做			
测定方法和正确性 （10%）	10	测定方法	5	标准选错全扣，重做			
	11	正确性	5	计算错误扣 2 分，公式错误全扣			
金相显微镜的使用 （倒扣分）	12	手直接扒拉物镜镜头	−5	倒扣			
	13	湿手操作显微镜	−5	倒扣			
	14	湿样品直接置于显微镜下观察	−5	倒扣			
	15	观察过程中用手在载物台直接推动试样	−5	倒扣			
6S （10%及倒扣分）	16	是否符合 6S 精神	10 及倒扣	每违反一项扣 2 分，扣完可以倒扣			

表 3.1.8　活动过程评价小组自评表

班级			组名		日期	年　月　日
评价指标	评价要素				分数	分数评定
信息检索	能利用网络资源、工作手册查找有效信息，能通过与企业教师合理沟通获取有效信息；能用自己的语言有条理地去解释、表述所学知识；能将查找到的信息有效转换到工作中				10	
感知工作	是否熟悉各自的工作岗位，认同工作价值；在工作中是否获得满足感				5	
参与状态	与教师、企业员工、同学之间是否相互尊重、理解、平等；与教师、企业员工、同学之间是否能够保持多向、丰富、适宜的信息交流				15	
	探究学习，自主学习不流于形式，处理好合作学习和独立思考的关系，做到有效学习、深入探究相关标准；能提出有意义的问题或能发表个人见解；能按要求正确操作；能够倾听、协作分享				15	
学习方法	工作计划、操作技能是否符合规范要求；是否获得了进一步发展的能力				10	
工作过程	遵守实验室和企业管理规程，操作过程符合现场管理要求；平时上课的出勤情况和每天完成工作任务情况；善于多角度思考问题，能主动发现、提出有价值的问题				15	
思维状态	是否能发现问题、提出问题、分析问题、解决问题、创新问题				10	
自评反馈	按时按质完成工作任务；较好地掌握了金相分析技能；具有较强的信息分析能力和理解能力；具有较为全面、严谨的思维能力并能条理明晰地表述成文				20	
自评分数						
有益的经验和做法						
总结反思建议						

表 3.1.9　活动过程评价小组互评表

班级		被评组名		日期	年　月　日
评价指标	评价要素			分数	得分
信息检索	该组成员能否利用网络资源、工作手册查找有效信息，能否通过与企业教师合理沟通获取有效信息			10	
	该组成员能否用自己的语言有条理地去解释、表述所学知识			5	
	该组成员能否将查找到的信息有效转换到工作中			5	

班级		被评组名		日期	年　月　日
评价指标	评价要素			分数	得分
感知工作	该组成员是否熟悉自己的工作岗位，并认同工作价值			5	
	该组成员在工作中是否获得满足感			5	
参与状态	该组成员与教师、企业员工、同学之间是否相互尊重、理解、平等			5	
	该组与教师、企业员工、同学之间是否能够保持多向、丰富、适宜的信息交流			5	
	该组成员能否处理好合作学习和独立思考的关系，做到有效学习			5	
	该组成员能否提出有意义的问题或能发表个人见解；能否按要求正确操作；是否能够倾听、协作分享			5	
	该组成员能否积极参与，在金相检测过程中不断学习，虚心请教企业员工，综合运用信息技术的能力能否得到提高			5	
学习方法	该组成员的工作计划、金相试样制备技能是否符合规范要求			5	
	该组成员是否获得了进一步发展的能力			5	
工作过程	该组成员是否遵守实验室和企业管理规程，且操作过程符合现场管理要求			5	
	该组成员平时上课的出勤情况和每天完成工作任务情况			5	
	该组成员是否能制备出良好的金相试样及合理选用国家标准，善于多角度思考问题，并能主动发现、提出有价值的问题			10	
思维状态	该组成员是否能发现问题、提出问题、分析问题、解决问题、创新问题			5	
自评反馈	该组成员是否能严肃认真地对待自评，并能独立完成金相检测全过程任务			10	
互评分数					
简要评述					

表 3.1.10 所示为教师评价表。

表 3.1.10　教师评价表

班级		组名		姓名	
出勤情况					
一	任务描述、接受任务	口述任务内容细节	1. 表述仪态自然、吐字清晰	3	表述仪态不自然或吐字模糊扣 1 分
			2. 表述思路清晰，层次分明、准确		表述思路模糊或层次不清扣 2 分

班级			组名		姓名	
出勤情况						
二	任务分析、分组情况	依据材料和检测项目、成员特点分组、分工	根据任务情况及班级成员特点，分组、分工合理、明确	2	表述思路模糊或层次不清扣1分	
					分工不明确扣1分	
三	制订计划	试样制备流程	1. 试样制备流程完整（包括所用设备、材料、药品等）	10	漏掉工序或描述不清扣1分，扣完为止	
		标准和方法的选择	2. 准确的标准和方法	5	选错全扣	
四	计划实施	制备金相试样前准备	1. 工装穿戴整齐	5	穿戴不齐扣1分	
			2. 设备检查良好		没有检查扣1分	
			3. 准备金相砂纸		没有准备扣3分，多准备或少准备各扣1分	
			4. 配制抛光液	5	没有配制扣2分，配制浓度错误扣1分	
			5. 配制腐蚀液		没有配制或浪费扣3分，配错扣2分	
		金相试样制备	1. 正确使用设备	5	设备使用错误扣1分，扣完为止	
			2. 查阅资料，正确弥补制样缺陷	10	没有弥补每一项缺陷扣1分，扣完为止	
			3. 显微镜下金相组织质量	15	组织不清晰、划痕三条以上、试样表面不干净，酌情每项扣5分，扣完为止	
		实验室管理	1. 金相试样制备过程中6S精神	5	酌情扣分，扣完为止	
			2. 每天结束后清洁实验室，关闭水、电、门窗	10	每次不合格扣1分，扣完此项配分为止	
五	带状组织的检测	检测报告	能正确完成检测任务，并填写检测报告	10	检测报告有错误全扣	

班级		组名		姓名	
出勤情况					
六　总结	任务总结	1. 依据自评分数	2		
		2. 依据互评分数	3		
		3. 依据个人总结评价报告	10	依总结内容是否到位酌情给分	
	合计		100		

项目的相关知识点

一、金相试样的制备

结构钢金相检测 1。

推荐标准及资料：

GB/T 13299—1991《钢的显微组织评定方法》

结构钢金相检测 1

GB/T 13299—1991《钢的显微组织评定方法》

二、带状组织

1. 带状组织的定义

带状组织是钢材内部的一种缺陷组织，通常出现在热轧后的低碳结构钢显微组织中，铁素体晶粒与珠光体晶粒呈条带状沿轧制方向平行排列，成层状分布。带状组织出现是由于钢材在热轧后的冷却过程中发生相变时，铁素体优先在由枝晶偏析和非金属夹杂延伸而成的条带中形成，导致铁素体形成条带，铁素体条带之间为珠光体，两者相间成层分布。

2. 带状组织形成原因

形成带状组织的原因大致有以下两种：

1）钢中分布偏析的原因

在低碳钢中，如果夹杂物的含量较多，热加工变形后，夹杂物呈流线分布而无法再结晶，当钢变形后从热加工温度冷却时，呈流线分布的夹杂物就作为先共析铁素体形核的核心，使先共析铁素体先在夹杂物周围生成，最后剩余奥氏体转变成珠光体，使先共析铁素体和珠光体呈带状分布，形成带状组织。这种带状组织很难用热处理的方法加以消除。

2）热加工温度不当的原因

钢在锻造时，停锻温度位于铁素体和奥氏体的两相区（Ar_1 和 Ar_3 之间），铁素体沿着金属变形方向从奥氏体中呈带状析出，尚未分解的奥氏体被割成带状，当冷到 Ar_1 时，带状奥氏体转化为带状珠光体，如图 3.1.1 所示，这种带状组织可以通过正火或退火的方法加以消除。

3. 带状组织的影响

带状组织的存在会使金属的力学性能呈各向异性，沿着带状组织的方向明显优于其垂直方向，使钢的强度、塑性、韧性降低，在进行压力加工时容易开裂。对于需要后续热处理的零件，带状组织轻则会导致热变形过大，重者会造成应力集中，甚至出现裂纹。

4. 带状组织消除办法

带状组织一般可用热处理方法加以消除。对于高温下能获得单相组织的材料，带状组织有时可用正火

图 3.1.1　20 钢的带状组织

来消除。如果带状组织非常严重，最好进行高温扩散退火，在 1 050 ℃以上加热，才能使碳原子扩散均匀，消除带状组织。例如对于因钢中严重的磷偏析产生的带状组织，必须用高温扩散退火及随后的正火加以改善。具体消除手段如下：

（1）由成分偏析引起的带状组织，即当钢中含有磷等有害杂质并压延时，杂质沿压延方向伸长。当钢材冷却至 Ar_3 以下时，这些杂质就成为铁素体的核心使铁素体形态呈带状分布，随后珠光体也呈带状分布。这种带状组织可以通过电渣重熔及增大结晶速度来消除。

（2）由热加工温度不当引起的带状组织，即当热加工停锻温度于二相区时（Ar_1 和 Ar_3 之间），铁素体沿着金属流动方向从奥氏体中呈带状析出，尚未分解的奥氏体被割成带状，当冷却到 Ar_1 时，带状奥氏体转化为带状珠光体。这种组织可通过提高终轧温度、增大锻造比或扩散退火、正火的方法来改善或消除。

（3）成分偏析引起的带状组织很难用热处理的方法加以消除。通常正火能够在一定程度上减轻这种偏，一般情况下通过正火能将偏析纠正到允许级别。如果带状组织严重，则可以通过多次正火加以改善。最可靠的方法是先高温扩散退火，接着再来一次正火，这样可以达到完全消除带状组织的效果，但是这样成本会很高，而且表面氧化脱碳现象严重。

4. 带状组织评定

带状组织使钢材的力学性能产生各向异性，即沿着带状纵向的强度高、韧性好，横向的强度低、韧性差。此外，带状组织的工件热处理时易产生畸变，且使得硬度不均匀。

1）常用标准

带状组织可按照 GB/T 13299—1991《钢的显微组织评定方法》的有关规定评级。该标准适用范围为低碳钢、中碳钢的钢板、钢带和型材，其他钢种根据有关标准或协议也可参照应用。GB/T 13299—2022 版标准于 2022 年 7 月 11 日发布，2023 年 2 月 1 日实施，标准名称修改为《钢的游离渗碳体、珠光体和魏氏组织的评定方法》，删除了带状组织评定方法的相关内容。目前带状组织评定标准是 GB/T 34474.1—2017《钢中带状组织的评定第 1 部分：标准评级图法》（抚顺特殊钢股份有限公司牵头起草）和 GB/T 34474.2—2018《钢中带状组织的评定第 2 部分：定量法》（首钢集团有限公司牵头起草），该标准规定了使用比较法进行亚共析钢带状组织（包含铁素体带及第二类组织带）的评定方法，适用于经塑性变形的亚共析钢带状组织的评定，但不适用于过共析钢中碳化物带状组织的评定。

2）带状组织评定方法

评定钢中的带状组织，要根据带状铁素体数量，并考虑带状贯穿视场的程度、连续性和变形铁素体晶粒多少确定。上述标准按钢材碳的质量分数分为 A ~ E 五个系列，每系列中按

偏析程度分为 0 ~ 5 级，5 级最严重，由试样 100 倍视场的相应图片对照评定。各系列、各级别对应的带状组织特征如下：

A 系列：指定作为含碳量小于 0.10% 钢的带状组织评级。

B 系列：指定作为含碳量 0.10% ~ 0.19% 钢的带状组织评级。

C 系列：指定作为含碳量 0.20% ~ 0.29% 钢的带状组织评级。

D 系列：指定作为含碳量 0.30% ~ 0.39% 钢的带状组织评级。

E 系列：指定作为含碳量 0.40% ~ 0.60% 钢的带状组织评级。

任务二　40Cr钢马氏体等级检测

任务书

某企业要求对 40Cr 钢淬火后的马氏体等级进行评级，任务工作周期 6 学时。接受任务后，请快速查阅有关的资料，学习相关的知识，获取金相试样制备及 40Cr 钢淬火后的马氏体等级检测相关标准等有效信息。分组设计任务的完成流程，利用实验设备进行金相试样的制备，利用金相显微镜完成金相检测工作，建议检测结果交付校企合作单位验收，验收合格后，撰写反思和总结报告。每次工作完成后按照实验室管理规范清理场地、归置物品，并按照环保规定处置废弃物。

任务分组

学生任务分配表与生产任务单分别见表 3.2.1 和表 3.2.2。

表 3.2.1　学生任务分配表

班级		组号		指导老师	
组长		学号			
组员	姓名	学号		姓名	学号
任务分工					

表 3.2.2　生产任务单

委托单位/地址		项目负责人		委托人/电话	
委托日期		要求完成日期		商定完成日期	
任务名称		课题或生产令号		样品/材料名称	
样品编号		样品状态	固体	批号	
				炉号	
工作内容及要求 （包括检测标准等）					
备注	有需要请在报告中注明锻件代号：　　　　　节号：　　　　袋号：				

获取资讯

引导问题 1： 40Cr 钢淬火后的马氏体等级评定使用那个标准？该标准适用于哪些钢？该标准还可以评定哪些组织评定方法？

引导问题 2： 请根据标准预判一下下列 45 钢淬火马氏体的等级，并分析组织特点。（按 500 倍放大）

（a）马氏体的等级　　　　　　　　　（b）马氏体的等级

分析：

引导问题3： 40Cr 钢有哪些用途？与 40CrNiMo 比较有什么异同点？

引导问题4： 根据国标上的资料显示，各级马氏体的适用范围是怎样的？

工作计划

引导问题5： 完成本次任务，团队成员应怎样分工？与其他团队是否沟通实验设备的使用及实验室的清洁、维护分工工作？具体实施细则是什么？

引导问题6： 根据国标规定，选择何种腐蚀液？如何配制腐蚀液？

进行决策

引导问题7： 根据上述工作，合理分配实验设备使用及操作人员，见表3.2.3。

表 3.2.3　设备使用分工表

设备序号	设备名称	数量	设备代号	使用时间	使用人
1					
2					
3					
4					
5					
6					
7					
8					

引导问题 8： 师生讨论并确定最合理的工艺流程及设备使用情况、实验室分组管理情况。

引导问题 9： 根据工艺路线和设备使用分工表，填写金相检测工序表，见表 3.2.4。

表 3.2.4　金相检测工序

工序号	工序内容	设备或材料	设备或材料规格（粒度）	设备转速/$(r \cdot min^{-1})$	使用开始时间	使用结束时间
1						
2						
3						
4						
5						
6						
7						
8						
9						
10						
11						
12						

 **工作实施**

引导问题 10：根据试样的尺寸，采用何种制样方法？计划多久完成试样制备？

引导问题 11：根据本次检测任务和材料，选择哪种抛光剂比较合适？

引导问题 12：根据所检测的材料和所选用的检测方法，配制腐蚀剂（若使用前面任务的剩余，也在表 3.2.5 中说明，并注明用量、剩余量）。

表 3.2.5　金相检测所用腐蚀剂

检测材料		配制人		配制腐蚀剂过程记录	
金相检测方法		药品用量			
腐蚀剂种类		剩余量			
腐蚀剂选择依据		剩余腐蚀剂处理			

引导问题 13：40Cr 的最终热处理是什么？根据热处理 40Cr 属于哪种钢？这种钢容易出现的缺陷组织有哪些？

引导问题 14：请问你在 6S 方面的表现进步了吗？若进步了，则写明进步的实例；若没有，则说明原因。

引导问题 15：根据检测过程和结果，完成金相检测报告，见表 3.2.6。

表 3.2.6　金相检测报告

任务编号 Task number		客户名称 Name of customer	
样品名称 Name of sample		客户地址 Address of customer	
样品编号 Sample number	N/A	收样日期 Date of receipt	
材料批号 Batch number	N/A	样品状态 Sample status	固体
材料炉号 Heat number		材料的热处理制度 Heat treatment	热处理后
技术条件 Product specification	N/A	抽样标准 Sampling standard	
检测标准 Testing standard		检测地点 Test location	
环境条件 Environment condition		备注 Note	

报告内容 Report contents：

采用国标_____对送检 40Cr 钢马氏体等级进行评定，评定结果填入表 1。附 5 张不同视场放大倍数 500 倍的金相组织照片。

结论 Conclusion：

检测人/日期：　　　　　　　复核人/日期：　　　　　　　批准人/日期：

Tested by/Date　　　　　　Reviewed by/Date　　　　　　Approved by/Date

表 1　40Cr 钢马氏体等级评定结果

样品名称	马氏体等级	备注

引导问题 16：按表 3.2.7 对金相试样的制备过程和质量，以及金相检测过程和结果进行评价，将结果填入表 3.2.8 和表 3.2.9 中（其中自评和互评各占 50%）。

表 3.2.7　金相检测全过程评分

检测材料/编号				总得分			
项目与配分	序号	评分点	配分	评分标准	自测记录	互测记录	得分
制样操作过程（60%）	1	取样	10	违反安全全扣			
	2	镶嵌	10	违反安全全扣			
	3	粗磨	10	没有冷却扣 5 分，违反安全全扣			
	4	细磨	10	习惯差每处扣 2 分，扣完为止			
	5	抛光	10	样品飞出扣 2 分，离开不关水、电全扣			
	6	腐蚀	10	违反操作规则全扣			
制样水平（20%）	7	划痕	10	视场中三条以上每条扣 2 分，扣完重做			
	8	显示	5	过轻或过重扣 5 分			
	9	磨面平整度	5	磨面不平全扣，没有合格视场重做			
测定方法和正确性（10%）	10	测定方法	5	标准选错全扣，重做			
	11	正确性	5	计算错误扣 2 分，公式错误全扣			
金相显微镜的使用（倒扣分）	12	手直接扒拉物镜镜头	−5	倒扣			
	13	湿手操作显微镜	−5	倒扣			
	14	湿样品直接置于显微镜下观察	−5	倒扣			
	15	观察过程中用手在载物台直接推动试样	−5	倒扣			
6S（10% 及倒扣分）	16	是否符合 6S 精神	10 及倒扣	每违反一项扣 2 分，扣完可以倒扣			

表 3.2.8　活动过程评价小组自评表

班级		组名		日期	年　月　日
评价指标	评价要素			分数	分数评定
信息检索	能利用网络资源、工作手册查找有效信息，能通过与企业教师合理沟通获取有效信息；能用自己的语言有条理地去解释、表述所学知识；能将查找到的信息有效转换到工作中			10	
感知工作	是否熟悉各自的工作岗位，认同工作价值；在工作中是否获得满足感			5	
参与状态	与教师、企业员工、同学之间是否相互尊重、理解、平等；与教师、企业员工、同学之间是否能够保持多向、丰富、适宜的信息交流			15	
	探究学习，自主学习不流于形式，处理好合作学习和独立思考的关系，做到有效学习、深入探究相关标准；能提出有意义的问题或能发表个人见解；能按要求正确操作；能够倾听、协作分享			15	
学习方法	工作计划、操作技能是否符合规范要求；是否获得了进一步发展的能力			10	
工作过程	遵守实验室和企业管理规程，操作过程符合现场管理要求；平时上课的出勤情况和每天完成工作任务情况；善于多角度思考问题，能主动发现、提出有价值的问题			15	
思维状态	是否能发现问题、提出问题、分析问题、解决问题、创新问题			10	
自评反馈	按时按质完成工作任务；较好地掌握了金相分析技能；具有较强的信息分析能力和理解能力；具有较为全面、严谨的思维能力并能条理明晰地表述成文			20	
自评分数					
有益的经验和做法					
总结反思建议					

表 3.2.9　活动过程评价小组互评表

班级		被评组名		日期	年　月　日
评价指标	评价要素			分数	得分
信息检索	该组成员能否利用网络资源、工作手册查找有效信息，能否通过与企业教师合理沟通获取有效信息			10	
	该组成员能否用自己的语言有条理地去解释、表述所学知识			5	
	该组成员能否将查找到的信息有效转换到工作中			5	

班级		被评组名		日期	年　月　日
评价指标	评价要素			分数	得分
感知工作	该组成员是否熟悉自己的工作岗位，并认同工作价值			5	
	该组成员在工作中是否获得满足感			5	
参与 状态	该组成员与教师、企业员工、同学之间是否相互尊重、理解、平等			5	
	该组成员与教师、企业员工、同学之间是否能够保持多向、丰富、适宜的信息交流			5	
	该组成员能否处理好合作学习和独立思考的关系，做到有效学习			5	
	该组成员能否提出有意义的问题或能发表个人见解；能按要求正确操作；能够倾听、协作分享			5	
	该组成员能否积极参与，在金相检测过程中不断学习，虚心请教企业员工，综合运用信息技术的能力能否得到提高			5	
学习方法	该组成员的工作计划、金相试样制备技能是否符合规范要求			5	
	该组成员是否获得了进一步发展的能力			5	
工作过程	该组成员是否遵守实验室和企业管理规程，且操作过程符合现场管理要求			5	
	该组成员平时上课的出勤情况和每天完成工作任务情况			5	
	该组成员是否能制备出良好的金相试样及合理选用国家标准，善于多角度思考问题，并能主动发现、提出有价值的问题			10	
思维状态	该组成员是否能发现问题、提出问题、分析问题、解决问题、创新问题			5	
自评反馈	该组成员是否能严肃认真地对待自评，并能独立完成金相检测全过程任务			10	
互评分数					
简要评述					

表 3.2.10 所示为教师评价表。

表 3.2.10　教师评价表

班级		组名		姓名	
出勤情况					
一	任务描述、接受任务	口述任务内容细节	1. 表述仪态自然、吐字清晰	3	表述仪态不自然或吐字模糊扣 1 分
			2. 表述思路清晰，层次分明、准确		表述思路模糊或层次不清扣 2 分

	班级		组名			姓名	
	出勤情况						
二	任务分析、分组情况	依据材料和检测项目、成员特点分组、分工	根据任务情况及班级成员特点，分组、分工合理、明确	2	表述思路模糊或层次不清扣1分		
					分工不明确扣1分		
三	制订计划	试样制备流程	1. 试样制备流程完整（包括所用设备、材料、药品等）	10	漏掉工序或描述不清扣1分，扣完为止		
		标准和方法的选择	2. 准确的标准和方法	5	选错全扣		
四	计划实施	制备金相试样前准备	1. 工装穿戴整齐	5	穿戴不齐扣1分		
			2. 设备检查良好		没有检查扣1分		
			3. 准备金相砂纸		没有准备扣3分，多准备或少准备各扣1分		
			4. 配制抛光液	5	没有配制扣2分，配制浓度错误扣1分		
			5. 配制腐蚀液		没有配制或浪费扣3分，配错扣2分		
		金相试样制备	1. 正确使用设备	5	设备使用错误扣1分，扣完为止		
			2. 查阅资料，正确弥补制样缺陷	10	没有弥补每一项缺陷扣1分，扣完为止		
			3. 显微镜下金相组织质量	15	组织不清晰、划痕三条以上、试样表面不干净，酌情每项扣5分，扣完为止		
		实验室管理	1. 金相试样制备过程中6S精神	5	酌情扣分，扣完为止		
			2. 每天结束后清洁实验室，关闭水、电、门窗	10	每次不合格扣1分，扣完此项配分为止		
五	马氏体等级的检测	检测报告	能正确完成检测任务，并填写检测报告	10	检测报告有错误全扣		
六	总结	任务总结	1. 依据自评分数	2			
			2. 依据互评分数	3			
			3. 依据个人总结评价报告	10	依总结内容是否到位酌情给分		
		合计		100			

项目的相关知识点

推荐标准及资料：

结构钢金相检测 2。

JB/T 9211—2008《中碳钢与中碳合金结构钢马氏体等级》。

结构钢金相检测 2   **JB/T 9211—2008《中碳钢与中碳合金结构钢马氏体等级》**

一、马氏体

过冷奥氏体在 M_s 以下将发生马氏体转变。马氏体是以德国冶金学家马腾斯（Martens）的名字命名的，用符号 M 表示。马氏体转变属于一个变温转变过程，是在 M_s 和 M_f 之间的一个温度范围内连续冷却完成的。由于马氏体转变温度极低，过冷度很大，而且形成的速度极快，使奥氏体向马氏体的转变只发生晶格改组，没有铁碳原子的扩散，所以马氏体的碳含量就是转变前奥氏体的碳含量。

1. 马氏体的结构

马氏体是碳在 $\alpha-Fe$ 中的过饱和间隙固溶体，具有体心正方的晶体结构。马氏体中的碳含量越高，正方度越大。

2. 马氏体的形态

马氏体的组织形态主要有两种类型，即板条状马氏体和片状马氏体。淬火钢中马氏体的形态主要与钢的碳含量有关。一般当碳含量小于 0.25% 时，钢中马氏体形态几乎全部为板条状马氏体；当碳含量大于 1.0% 时，几乎全部为片状马氏体；当碳含量为 0.25%～1.0% 时，为板条状马氏体和片状马氏体的混合组织。随着碳含量的升高，淬火钢中板条状马氏体的含量下降，而片状马氏体的含量上升。

板条状马氏体的内部有大量的位错亚结构，所以板条状马氏体也称为位错马氏体。而片状马氏体内部，它的亚结构是孪晶，所以片状马氏体也称为孪晶马氏体。

二、马氏体等级检测

JB/T 9211—2008《中碳钢与中碳合金结构钢马氏体等级》（代替 JB/T 9211—1999）规定了中碳钢与中碳合金结构钢马氏体显微组织的检验方法以及马氏体金相图片。按 GB/T 13298—2015 规定检验，并在金相显微镜下放大 500 倍观察五个以上视场与标准图片比较定级，马氏体共分 8 个等级：

1 级马氏体由于淬火温度低、淬裂畸变倾向性小、晶粒小且有少量点状及小块状铁素体，故冲击韧度较大，但抗拉强度、耐磨性显著下降，适用于要求硬度、耐磨性、强度不太高的易淬裂及易畸变的复杂薄壁件。

2～4 级马氏体硬度较高并有良好的耐磨性、抗拉强度，是机械零件常用的等级。

5～6 级马氏体为高温马氏体，具有较高的冲击韧性、屈服强度和抗拉强度。其硬度及耐磨性与2~4级比较，并未见显著降低，适用于较大且要求硬化层较深的零件。

7~8级马氏体为过热组织，随着马氏体的长大，淬裂的可能性增加，耐磨性、冲击韧性下降。非特殊要求，不应采用。

任务三 GCr15钢碳化物不均匀性的检验

任务书

某企业要求对其球化退火的 GCr15 钢碳化物不均匀性（碳化物网状、碳化物带状、碳化物液析）进行检测，任务工作周期 18 学时。接受任务后，请快速查阅有关的资料，学习相关的知识，获取金相试样制备及 GCr15 钢碳化物不均匀性检测相关标准等有效信息。分组设计任务的完成流程，利用实验设备进行金相试样的制备，利用金相显微镜完成金相检测工作，验收合格后撰写反思和总结报告。每次工作完成后按照实验室管理规范清理场地、归置物品，并按照环保规定处置废弃物。

任务分组

学生任务分配表与生产任务单见表 3.3.1 和表 3.3.2。

表 3.3.1 学生任务分配表

班级		组号		指导老师	
组长		学号			
组员	姓名	学号		姓名	学号
任务分工					

表 3.3.2 生产任务单

委托单位/地址		项目负责人		委托人/电话	
委托日期		要求完成日期		商定完成日期	
任务名称		课题或生产令号		样品/材料名称	
样品编号		样品状态	固体	批号	
				炉号	
工作内容及要求 （包括检测标准等）					
备注	有需要请在报告中注明锻件代号：		节号：	袋号：	

获取资讯

引导问题 1：GCr15 钢碳化物不均匀性评定使用哪个标准？该标准适用于哪些钢？该标准还可以评定哪些组织评定方法？

引导问题 2：根据标准的规定，球化退火的 GCr15 中碳化物网状、碳化物带状、碳化物液析的合格级别应符合怎样的规定？

引导问题 3：球化退火的 GCr15 中碳化物网状检测应怎样选择取样部位和方向？取样数量为多少个？怎样进行热处理？怎样选择视场和放大倍数？

引导问题 4：球化退火的 GCr15 中碳化物带状检测应怎样选择取样部位和方向？取样数量为多少个？怎样进行热处理？怎样选择视场和放大倍数？

引导问题 5：GCr15 钢的最终热处理是什么？使用状态的组织是什么？

引导问题 6：GCr15 淬火容易出现哪些缺陷？这些缺陷对性能有哪些影响？

工作计划

引导问题 7：完成本次任务中三个碳化物不均匀性的检测，团队成员要细致分工，具体应怎样分工？与其他团队是否沟通实验设备的使用及实验室的清洁、维护分工工作？具体实施细则是什么？

引导问题 8：根据国标规定，选择何种热处理设备？具体怎样操作？提前有哪些安全措施要做好？

进行决策

引导问题 9：根据上述工作，合理分配实验设备使用及操作人员，见表 3.3.3。

表 3.3.3　设备使用分工表

设备序号	设备名称	数量	设备代号	使用时间	使用人
1					
2					
3					
4					
5					
6					
7					
8					

引导问题 10：师生讨论并确定最合理的工艺流程及设备使用情况、实验室分组管理情况。

引导问题 11：根据工艺路线和设备使用分工表，填写金相检测工序表，见表 3.3.4。

表 3.3.4 金相检测工序

工序号	工序内容	设备或材料	设备或材料规格（粒度）	设备转速/(r·min⁻¹)	使用开始时间	使用结束时间
1						
2						
3						
4						
5						
6						
7						
8						
9						
10						
11						
12						

工作实施

引导问题 12：热处理时是否有预防氧化和脱碳的措施？怎样做？

引导问题 13：根据试样的尺寸，采用何种制样方法？计划多久完成试样制备？

引导问题 14：根据所检测的材料和所选用的检测方法，配制腐蚀剂（若使用前面任务的剩余，也在表 3.3.5 中说明，并注明用量、剩余量）。

表3.3.5 金相检测所用腐蚀剂

检测材料		配制人		配制腐蚀剂过程记录	
金相检测方法		用量			
腐蚀剂种类		剩余量			
腐蚀剂选择依据		剩余腐蚀剂处理			

引导问题15： 为何检测碳化物不均匀性要进行热处理？

引导问题16： 请问你在6S方面的表现进步了吗？若进步了请写明进步的实例，若没有请说明原因。

引导问题17： 根据检测过程和结果，请完成金相检测报告，见表3.3.6。

表3.3.6 金相检测报告

任务编号 Task number		客户名称 Name of customer	
样品名称 Name of sample		客户地址 Address of customer	
样品编号 Sample number	N/A	收样日期 Date of receipt	
材料批号 Batch number	N/A	样品状态 Sample status	固体
材料炉号 Heat number		材料的热处理制度 Heat treatment	
技术条件 Product specification	N/A	抽样标准 Sampling standard	

检测标准 Testing standard		检测地点 Test location	
环境条件 Environment condition		备注 Note	

报告内容 Report contents：

采用国标_____送检 GCr15 钢样品进行碳化物不均匀性评定，评定结果填入表1～表3。附对应的最严重视场的金相组织形貌图。

结论 Conclusion：

检测人/日期：   复核人/日期：   批准人/日期：

Tested by/Date   Reviewed by/Date   Approved by/Date

表1　碳化物网状级别评定结果

样品名称	碳化物网状级别	备注

表2　碳化物带状级别评定结果

样品名称	碳化物带状级别	备注

表3　碳化物液析级别评定结果

样品名称	碳化物液析级别	备注

引导问题18：按表3.3.7对金相试样的制备过程和质量，以及金相检测过程和结果进行评价，将结果填入表3.3.8和表3.3.9中（其中自评和互评各占50%）。

表3.3.7　金相检测全过程评分

检测材料/编号				总得分			
项目与配分	序号	评分点	配分	评分标准	自测记录	互测记录	得分
制样操作过程（60%）	1	取样	10	违反安全全扣			
	2	镶嵌	10	违反安全全扣			
	3	粗磨	10	没有冷却扣5分，违反安全全扣			
	4	细磨	10	习惯差每处扣2分，扣完为止			
	5	抛光	10	样品飞出扣2分，离开不关水、电全扣			
	6	腐蚀	10	违反操作规则全扣			
制样水平（20%）	7	划痕	10	视场中三条以上每条扣2分，扣完重做			
	8	显示	5	过轻或过重扣5分			
	9	磨面平整度	5	磨面不平全扣，没有合格视场重做			
测定方法和正确性（10%）	10	测定方法	5	标准选错全扣，重做			
	11	正确性	5	计算错误扣2分，公式错误全扣			
金相显微镜的使用（倒扣分）	12	手直接扒拉物镜镜头	−5	倒扣			
	13	湿手操作显微镜	−5	倒扣			
	14	湿样品直接置于显微镜下观察	−5	倒扣			
	15	观察过程中用手在载物台直接推动试样	−5	倒扣			
6S（10%及倒扣分）	16	是否符合6S精神	10及倒扣	每违反一项扣2分，扣完可以倒扣			

表 3.3.8　活动过程评价小组自评表

班级		组名		日期	年　月　日
评价指标	评价要素			分数	分数评定
信息检索	能利用网络资源、工作手册查找有效信息，能通过与企业教师合理沟通获取有效信息；能用自己的语言有条理地去解释、表述所学知识；能将查找到的信息有效转换到工作中			10	
感知工作	是否熟悉各自的工作岗位，认同工作价值；在工作中是否获得满足感			5	
参与状态	与教师、企业员工、同学之间是否相互尊重、理解、平等；与教师、企业员工、同学之间是否能够保持多向、丰富、适宜的信息交流			15	
	探究学习，自主学习不流于形式，处理好合作学习和独立思考的关系，做到有效学习、深入探究相关标准；能提出有意义的问题或能发表个人见解；能按要求正确操作；能够倾听、协作分享			15	
学习方法	工作计划、操作技能是否符合规范要求；是否获得了进一步发展的能力			10	
工作过程	遵守实验室和企业管理规程，操作过程符合现场管理要求；平时上课的出勤情况和每天完成工作任务情况；善于多角度思考问题，能主动发现、提出有价值的问题			15	
思维状态	是否能发现问题、提出问题、分析问题、解决问题、创新问题			10	
自评反馈	按时按质完成工作任务；较好地掌握了金相分析技能；具有较强的信息分析能力和理解能力；具有较为全面、严谨的思维能力并能条理明晰地表述成文			20	
自评分数					
有益的经验和做法					
总结反思建议					

表 3.3.9　活动过程评价小组互评表

班级		被评组名		日期	年　月　日
评价指标	评价要素			分数	得分
信息检索	该组成员能否利用网络资源、工作手册查找有效信息，能否通过与企业教师合理沟通获取有效信息			10	
	该组成员能否用自己的语言有条理地去解释、表述所学知识			5	
	该组成员能否将查找到的信息有效转换到工作中			5	

班级		被评组名		日期	年　月　日
评价指标	评价要素			分数	得分
感知工作	该组成员是否熟悉自己的工作岗位，并认同工作价值			5	
	该组成员在工作中是否获得满足感			5	
参与状态	该组成员与教师、企业员工、同学之间是否相互尊重、理解、平等			5	
	该组成员与教师、企业员工、同学之间是否能够保持多向、丰富、适宜的信息交流			5	
	该组成员能否处理好合作学习和独立思考的关系，做到有效学习			5	
	该组成员是否能提出有意义的问题或能发表个人见解，能按要求正确操作，能够倾听、协作分享			5	
	该组成员能否积极参与，在金相检测过程中不断学习，虚心请教企业员工，综合运用信息技术的能力能否得到提高			5	
学习方法	该组成员的工作计划、金相试样制备技能是否符合规范要求			5	
	该组成员是否获得了进一步发展的能力			5	
工作过程	该组成员是否遵守实验室和企业管理规程，且操作过程符合现场管理要求			5	
	该组成员平时上课的出勤情况和每天完成工作任务情况			5	
	该组成员是否能制备出良好的金相试样及合理选用国家标准，善于多角度思考问题，并能主动发现、提出有价值的问题			10	
思维状态	该组成员是否能发现问题、提出问题、分析问题、解决问题、创新问题			5	
自评反馈	该组成员是否能严肃认真地对待自评，并能独立完成金相检测全过程任务			10	
互评分数					
简要评述					

表 3.3.10 所示为教师评价表。

表 3.3.10　教师评价表

班级		组名		姓名	
出勤情况					
一	任务描述、接受任务	口述任务内容细节	1. 表述仪态自然、吐字清晰	3	表述仪态不自然或吐字模糊扣 1 分
			2. 表述思路清晰，层次分明、准确		表述思路模糊或层次不清扣 2 分

班级		组名		姓名		
出勤情况						
二	任务分析、分组情况	依据材料和检测项目、成员特点分组分工	根据任务情况及班级成员特点，分组、分工合理、明确	2	表述思路模糊或层次不清扣1分 分工不明确扣1分	
三	制订计划	试样制备流程	1. 试样制备流程完整（包括所用设备、材料、药品等）	10	漏掉工序或描述不清扣1分，扣完为止	
		标准和方法的选择	2. 准确的标准和方法	5	选错全扣	
四	计划实施	制备金相试样前准备	1. 工装穿戴整齐	5	穿戴不齐扣1分	
			2. 设备检查良好		没有检查扣1分	
			3. 准备金相砂纸		没有准备扣3分，多准备或少准备各扣1分	
			4. 配制抛光液	5	没有配制扣2分，配制浓度错误扣1分	
			5. 配制腐蚀液		没有配制或浪费扣3分，配错扣2分	
		金相试样制备	1. 正确使用设备	5	设备使用错误扣1分，扣完为止	
			2. 查阅资料，正确弥补制样缺陷	10	没有弥补每一项缺陷扣1分，扣完为止	
			3. 显微镜下金相组织质量	15	组织不清晰、划痕三条以上、试样表面不干净，酌情每项扣5分，扣完为止	
		实验室管理	1. 金相试样制备过程中6S精神	5	酌情扣分，扣完为止	
			2. 每天结束后清洁实验室，关闭水、电、门窗	10	每次不合格扣1分，扣完此项配分为止	
五	GCr钢的碳化物不均匀性的检测	检测报告	能正确完成检测任务，并填写检测报告	10	检测报告有错误全扣	

班级		组名		姓名	
出勤情况					
六 总结	任务总结	1. 依据自评分数	2		
		2. 依据互评分数	3		
		3. 依据个人总结评价报告	10	依总结内容是否到位酌情给分	
	合计		100		

 项目的相关知识点

一、钢铁常见的组织

（1）钢铁材料常见组织——平衡组织。

（2）钢铁材料常见组织——其他组织。

推荐标准及资料：

GB/T 18254—2016《高碳铬轴承钢》。

平衡组织视频　　　　　其他组织视频　　　　GB/T 18254—2016《高碳铬轴承钢》

二、滚动轴承钢

滚动轴承钢是指制造各种滚动轴承、内外套圈及滚动体（滚柱、滚珠、滚针）的专用钢种，也可以用于制作精密量具、冷冲模、机床丝杠及油泵油嘴的精密偶件，如针阀体、柱塞等耐磨件。

由于套圈和滚动体之间呈点或线接触，接触应力很大，滚动轴承工作时要承受高达 3 000 ~ 5 000 MPa 的交变接触应力和极大的摩擦力，还会受到大气、水及润滑剂的侵蚀，其主要失效原因有接触疲劳（麻点剥落）、磨损和腐蚀等，因而要求轴承材料具有较高的疲劳极限和弹性极限，高的硬度、耐磨性，以及一定的韧性和耐蚀性。

1. GCr15 的化学成分

GCr15 是常见的高碳铬轴承钢，其 $\omega(C) = 0.95\% ~ 1.0\%$。高的碳含量能够保证轴承钢具有高的强度、硬度，并能够形成足够的合金碳化物，以提高耐磨性。其主加元素是铬，$\omega(Cr) = 1.40\% ~ 1.65\%$，主要作用是提高钢的淬透性，并使钢在热处理后形成细小、均匀分布的合金渗碳体（Fe，Cr）$_3$C，提高钢的接触疲劳极限与耐磨性。为进一步提高其淬透性，制造大型轴承钢还可以加入硅、锰、钼等元素。高碳铬轴承钢对硫、磷含量限制极严 [$\omega(S) < 0.02\%$，

$\omega(P) < 0.027\%$〕，所以 GCr15 轴承钢是一种高级优质钢，但是在牌号后不加"A"字。

2. GCr15 的热处理

GCr15 的热处理包括预先热处理、球化退火和最终热处理、淬火 + 低温回火。球化退火的目的是降低锻造后钢的硬度，以利于后续加工，并为淬火做好组织上的准备。如果钢中存在着粗大的块状碳化物或较严重的带状或网状碳化物，则在球化退火之前要进行正火处理，以改善碳化物的形态与分布。淬火 + 低温回火目的是使钢的力学性能满足使用要求。淬火 + 低温回火后组织为极细的（隐针）回火马氏体 + 细小而均匀分布的碳化物 + 少量的残余奥氏体，硬度为 61~65HRC。

为了进一步减少残留奥氏体，稳定组织，提高轴承的尺寸与精度，淬火后还可以进行一次冷处理（-80 ~ -60 ℃），然后再进行低温回火，并在磨削加工之后再进行稳定化处理（低温时效，120~150 ℃，保温 10~20 h）。

三、GCr15 钢碳化物不均匀性的检验简介

1. 参照 GB/T 18254—2016《高碳铬轴承钢》

GCr15 钢碳化物不均匀性的检验包括碳化物网状检验、碳化物带状检验、碳化物液析检验。

2. 试样的检验状态

（1）淬火加热温度：820~850 ℃（含钼钢为 840~880 ℃）；

（2）淬火加热时间：按试样直径或厚度每 1 mm 保温 1.5 min；

（3）冷却剂：油；

（4）回火温度：150 ℃左右；

（5）回火时间：1~2 h。

3. 组织显示

4% 硝酸酒精。

4. 评级方法

参照国家标准 GB/T 18254—2016《高碳铬轴承钢》。

1）碳化物网状检验

取横向试样按标准进行淬火回火处理，抛光后用 4% 硝酸酒精溶液浸蚀，球化退火钢材放大 500 倍，按标准 GB/T 18254—2016《高碳铬轴承钢》附录 A 中第 6 评级图评定；热轧（锻）、软化退火钢材放大 200 倍，按标准 GB/T 18254—2016《高碳铬轴承钢》附录 A 中第 7 评级图评定。供方也可在纵向试样上评定碳化物网状，但以横向为准。

2）碳化物带状检验

取纵向试样按标准进行淬火 + 回火处理，抛光后用 4% 硝酸酒精溶液浸蚀，采用放大 100 倍和 500 倍结合，按标准 GB/T 18254—2016《高碳铬轴承钢》附录 A 中第 8 评级图评定碳化物聚集程度、大小和形状。

3）碳化物液析检验

取纵向试样按标准进行淬火回火处理，抛光后用 4% 硝酸酒精溶液浸蚀后放大 100 倍，按标准 GB/T 18254—2016《高碳铬轴承钢》附录 A 中第 9 评级图评定。

5. 评级原则

所有检验项目均在试样检验面上以最严重的视场和区域作为评级依据。

索氏虽然创建了钢铁的金相学，但他毕竟主要是地质矿物学家而不是冶金工程师，他在冶金界的活动范围及影响是有一定局限性的，因此他在 1863 年的杰出贡献一直到二十几年后才引起冶金界的重视。

在这期间，德国的阿道夫·马腾斯和法国的奥斯蒙分别在 1878 年及 1885 年独立地用显微镜观察到钢铁的显微组织，他们都是与钢铁生产与使用有关的工程师。马氏在东普鲁士铁路局工作十年，修建桥梁，在此期间他利用业余时间进行钢铁的金相观察。Osmond 曾在法国的著名合金钢厂 Creusot（克鲁梭）工作十年，从 1880 年起这家钢厂就开始了金相检验。因此，他们的金相观察结果很快就在冶金界传播开来，影响深远，其功绩不亚于索氏，在德国及法国甚至有一些学者还认为他们也是金相学的创始人。

阿道夫·马腾斯（Martens）在德国建立了测试材料科学，并以此为基础完善了金相学的实验和理论研究的方法论。随着实验方法的完善，金相技能得到了全面的改进和推广。到 20 世纪初期，许多工厂都建立了金相检验室，金相检验成了金属零部件质检的重要手段。为了纪念马氏在改进和传播金相技术方面的功绩，奥斯蒙在 1895 年建议用他的姓氏命名钢的淬火组织，即马氏体。

阿道夫·马腾斯（**Martens**）

项目四 工具钢的金相检测

项目描述

本项目也属于进阶部分，主要是围绕工具钢的典型金相检测案例展开，学习者一方面巩固金相试样制备与光学知识和金相显微镜的使用，一方面通过检测过程的计划制订、信息搜集、资料提炼等学习工具钢的检测方法、种类、性能和应用。本项目选取常见的合金工具钢检测任务为载体，共有三个任务，不仅仅考察学习者对金相检测方法的使用，还考察学习者对工具钢的知识掌握程度。通过本项目的学习，学习者可基本熟悉工具钢的金相检测方法，同时也能够对工具钢的组织、性能、用途进一步熟悉。建议 18 个学时完成。

学习目标

1. 知识目标
（1）工具钢的金相分析检测方法。
（2）工具钢的组织结构和性能用途。
（3）其他工具钢的金相检测项目。

2. 能力目标
（1）能够正确、独立操作金相设备。
（2）能够合理安排金相检测工艺流程。
（3）能够安全、正确地处理金相试样腐蚀液。
（4）能够收集、整理、提炼资料。

3. 素养目标
（1）训练决策力和组织能力。
（2）训练集体互助和有效沟通能力。
（3）工作过程中养成良好的公德意识。
（4）培养劳动精神和劳模精神。

任务一 Cr12共晶碳化物不均匀度检测

任务书

某企业锻造的 Cr12 钢，要检测其共晶碳化物的改善程度，要求对其进行评级，任务工作周期6学时。接受任务后，请快速查阅有关的资料，学习相关的知识，获取金相试样制备Cr12钢共晶碳化物的检测相关标准等有效信息。分组设计任务的完成流程，利用实验设备进行金相试样的制备，利用金相显微镜完成金相检测工作，检测结果交付验收，验收合格后撰写反思和总结报告。每次工作完成后按照实验室管理规范清理场地、归置物品，并按照环保规定处置废弃物。

 任务分组

学生任务分配表与生产任务单见表4.1.1和表4.1.2。

表4.1.1　学生任务分配表

班级		组号		指导老师	
组长		学号			
组员	姓名	学号	姓名	学号	
任务分工					

表4.1.2　生产任务单

委托单位/地址		项目负责人		委托人/电话	
委托日期		要求完成日期		商定完成日期	
任务名称		课题或生产令号		样品/材料名称	
样品编号		样品状态	固体	批号	
				炉号	
工作内容及要求 （包括检测标准等）					
备注	有需要请在报告中注明锻件代号：　　　　节号：　　　　袋号：				

引导问题 1：Cr12 钢共晶碳化物评定使用哪个标准？该标准适用于哪些钢？该标准还可以用于哪些组织评定方法？

引导问题 2：Cr12 钢有哪些用途？其成分和不同状态下的组织都是什么？

引导问题 3：国标上规定 Cr12 钢金相试样的取样要求是什么？

引导问题 4：根据国标，Cr12 钢共晶碳化物评定选用哪种腐蚀剂？腐蚀方法是什么？

工作计划

引导问题 5：完成本次任务团队成员应怎样分工？与其他团队是否沟通实验设备的使用及实验室的清洁、维护分工工作？具体实施细则是什么？

引导问题6：根据材料特点，选择何种腐蚀液？如何配制腐蚀液？

 进行决策

引导问题7：根据上述工作，合理分配实验设备使用及操作人员，见表4.1.3。

表 4.1.3　设备使用分工表

设备序号	设备名称	数量	设备代号	使用时间	使用人
1					
2					
3					
4					
5					
6					
7					
8					

引导问题8：师生讨论并确定最合理的工艺流程及设备使用情况、实验室分组管理情况。

引导问题 9： 根据工艺路线和设备使用分工表，填写金相检测工序表，见表4.1.4。

表 4.1.4　金相检测工序

工序号	工序内容	设备或材料	设备或材料规格（粒度）	设备转速/（r·min⁻¹）	使用开始时间	使用结束时间
1						
2						
3						
4						
5						
6						
7						
8						
9						
10						
11						
12						

工作实施

引导问题 10： 国标上规定 Cr12 钢共晶碳化物的评定使用哪一个系列的评级图？

引导问题 11： 国标上规定 Cr12 钢共晶碳化物的评定方法是什么？

引导问题 12： 根据所检测的材料和所选用的检测方法，配制腐蚀剂（若使用前面任务的剩余，也在表4.1.5中说明，并注明用量、剩余量）

表 4.1.5　金相检测所用腐蚀剂

检测材料		配制人		配制腐蚀剂过程记录
金相检测方法		用量		
腐蚀剂种类		剩余量		
腐蚀剂选择依据		剩余腐蚀剂处理		

引导问题 13： 请大家总结一下冷作磨具钢的金相检验项目及使用的标准。Cr12钢共晶碳化物的合格级别是怎样的？

引导问题 14： 根据检测过程和结果，完成金相检测报告，见表4.1.6。

表 4.1.6　金相检测报告

任务编号 Task number		客户名称 Name of customer	
样品名称 Name of sample		客户地址 Address of customer	
样品编号 Sample number		样品规格 Sample specification	
取样方法 Sampling method		样品状态 Sample status	
材料炉号 Heat number		材料的热处理制度 Heat treatment	
检验面 Inspection surface		检测部位 Detection site	
检测标准 Testing standard		检测地点 Test location	
环境条件 Environment condition		备注 Note	

报告内容 Report contents：

采用_____法对送检 Cr12 钢样品进行共晶碳化物评定，评定结果填入表 1。附 100 倍最严重视场金相图。

结论 Conclusion：

检测人／日期：   复核人／日期：   批准人／日期：

Tested by／Date   Reviewed by／Date   Approved by／Date

表 1　共晶碳化物评定结果

样品名称	共晶碳化物级别	备注

评价反馈

引导问题 15：按表 4.1.7 对金相试样的制备过程和质量，以及金相检测过程和结果进行评价，将结果填入表 4.1.8 和表 4.1.9 中（其中自评和互评各占 50%）。

表 4.1.7　金相检测全过程评分

检测材料/编号				总得分			
项目与配分	序号	评分点	配分	评分标准	自测记录	互测记录	得分
制样操作过程 （60%）	1	取样	10	违反安全全扣			
	2	镶嵌	10	违反安全全扣			
	3	粗磨	10	没有冷却扣 5 分，违反安全全扣			
	4	细磨	10	习惯差每处扣 2 分，扣完为止			
	5	抛光	10	样品飞出扣 2 分，离开不关水、电全扣			
	6	腐蚀	10	违反操作规则全扣			
制样水平 （20%）	7	划痕	10	视场中三条以上每条扣 2 分，扣完重做			
	8	显示	5	过轻或过重扣 5 分			
	9	磨面平整度	5	磨面不平全扣，没有合格视场重做			
测定方法和正确性 （10%）	10	测定方法	5	标准选错全扣，重做			
	11	正确性	5	计算错误扣 2 分，公式错误全扣			
金相显微镜的使用 （倒扣分）	12	手直接扒拉物镜镜头	−5	倒扣			
	13	湿手操作显微镜	−5	倒扣			
	14	湿样品直接置于显微镜下观察	−5	倒扣			
	15	观察过程中用手在载物台直接推动试样	−5	倒扣			
6S （10%及倒扣分）	16	是否符合6S精神	10 及倒扣	每违反一项扣 2 分，扣完可以倒扣			

表 4.1.8　活 动 过 程 评 价 小 组 自 评 表

班级		组名		日期	年　月　日
评价指标	评价要素			分数	分数评定
信息检索	能利用网络资源、工作手册查找有效信息，能通过与企业教师合理沟通获取有效信息；能用自己的语言有条理地去解释、表述所学知识；能将查找到的信息有效转换到工作中			10	
感知工作	是否熟悉各自的工作岗位，认同工作价值；在工作中是否获得满足感			5	
参与状态	与教师、企业员工、同学之间是否相互尊重、理解、平等；与教师、企业员工、同学之间是否能够保持多向、丰富、适宜的信息交流			15	
	探究学习，自主学习不流于形式，处理好合作学习和独立思考的关系，做到有效学习、深入探究相关标准；能提出有意义的问题或能发表个人见解；能按要求正确操作；能够倾听、协作分享			15	
学习方法	工作计划、操作技能是否符合规范要求；是否获得了进一步发展的能力			10	
工作过程	遵守实验室和企业管理规程，操作过程符合现场管理要求；平时上课的出勤情况和每天完成工作任务情况；善于多角度思考问题，能主动发现、提出有价值的问题			15	
思维状态	是否能发现问题、提出问题、分析问题、解决问题、创新问题			10	
自评反馈	按时按质完成工作任务；较好地掌握了金相分析技能；具有较强的信息分析能力和理解能力；具有较为全面、严谨的思维能力并能条理明晰地表述成文			20	
自评分数					
有益的经验和做法					
总结反思建议					

表 4.1.9　活 动 过 程 评 价 小 组 互 评 表

班级		被评组名		日期	年　月　日
评价指标	评价要素			分数	得分
信息检索	该组成员能否利用网络资源、工作手册查找有效信息，能否合理通过与企业教师沟通获取有效信息			10	
	该组成员能否用自己的语言有条理地去解释、表述所学知识			5	
	该组成员能否将查找到的信息有效转换到工作中			5	

班级		被评组名		日期	年 月 日
评价指标	评价要素			分数	得分
感知工作	该组成员是否熟悉自己的工作岗位，并认同工作价值			5	
	该组成员在工作中是否获得满足感			5	
参与状态	该组成员与教师、企业员工、同学之间是否相互尊重、理解、平等			5	
	该组成员与教师、企业员工、同学之间是否能够保持多向、丰富、适宜的信息交流			5	
	该组成员能否处理好合作学习和独立思考的关系，做到有效学习			5	
	该组成员是否能提出有意义的问题或能发表个人见解，能按要求正确操作，能够倾听、协作分享			5	
	该组成员能否积极参与，在金相检测过程中不断学习，虚心请教企业员工，综合运用信息技术的能力能否得到提高			5	
学习方法	该组成员的工作计划、金相试样制备技能是否符合规范要求			5	
	该组成员是否获得了进一步发展的能力			5	
工作过程	该组成员是否遵守实验室和企业管理规程，且操作过程符合现场管理要求			5	
	该组成员平时上课的出勤情况和每天完成工作任务情况			5	
	该组成员是否能制备出良好的金相试样及合理选用国家标准，善于多角度思考问题，并能主动发现、提出有价值的问题			10	
思维状态	该组成员是否能发现问题、提出问题、分析问题、解决问题、创新问题			5	
自评反馈	该组成员是否能严肃认真地对待自评，并能独立完成金相检测全过程任务			10	
互评分数					
简要评述					

表 4.1.10 所示为教师评价表。

表 4.1.10　教师评价表

班级			组名		姓名	
出勤情况						
一	任务描述、接受任务	口述任务内容细节	1. 表述仪态自然、吐字清晰	3	表述仪态不自然或吐字模糊扣 1 分	
			2. 表述思路清晰，层次分明、准确		表述思路模糊或层次不清扣 2 分	

班级				组名		姓名	
出勤情况							
二	任务分析、分组情况	依据材料和检测项目、成员特点分组、分工	根据任务情况及班级成员特点，分组、分工合理、明确	2	表述思路模糊或层次不清扣1分 分工不明确扣1分		
三	制订计划	试样制备流程	1. 试样制备流程完整（包括所用设备、材料、药品等）	10	漏掉工序或描述不清扣1分，扣完为止		
		标准和方法的选择	2. 准确的标准和方法	5	选错全扣		
四	计划实施	制备金相试样前准备	1. 工装穿戴整齐	5	穿戴不齐扣1分		
			2. 设备检查良好		没有检查扣1分		
			3. 准备金相砂纸		没有准备扣3分，多准备或少准备各扣1分		
			4. 配制抛光液	5	没有配制扣2分，配制浓度错误扣1分		
			5. 配制腐蚀液		没有配制或浪费扣3分，配错扣2分		
		金相试样制备	1. 正确使用设备	5	设备使用错误扣1分，扣完为止		
			2. 查阅资料，正确弥补制样缺陷	10	没有弥补每一项缺陷扣1分，扣完为止		
			3. 显微镜下金相组织质量	15	组织不清晰、划痕三条以上、试样表面不干净，酌情每项扣5分，扣完为止		
		实验室管理	1. 金相试样制备过程中6S精神	5	酌情扣分，扣完为止		
			2. 每天结束后清洁实验室，关闭水、电、门窗	10	每次不合格扣1分，扣完此项配分为止		
五	Cr12钢的碳化物不均匀性的检测	检测报告	能正确完成检测任务，并填写检测报告	10	检测报告有错误全扣		

班级			组名		姓名	
出勤情况						
六	总结	任务总结	1. 依据自评分数	2		
			2. 依据互评分数	3		
			3. 依据个人总结评价报告	10	依总结内容是否到位酌情给分	
		合计		100		

项目的相关知识点

1. 工具钢的金相检测 1
2. 工具钢金相检测 2

推荐标准及资料：

GB/T 14979—1994《钢的共晶碳化物不均匀度评定法》

工具钢金相检测 1 视频　　　**工具钢金相检测 2 视频**　　　**GB/T 14979—1994**
《钢的共晶碳化物不均匀度评定法》

一、Cr12 高铬冷作模具钢

常用的 Cr12 高铬冷作模具钢有两种牌号：Cr12 和 Cr12MoV。Cr12 钢的成分特点是高碳高铬，其中 Cr12 牌号的钢碳含量为 2.0% ~ 2.3%，铬含量为 11.50% ~ 13.00%，属于莱氏体钢，具有优良的淬透性和耐磨性，但韧性较差；Cr12MoV 钢含碳量较低一些，碳含量为 1.45% ~ 1.7%，在保持 Cr12 优点的基础上韧性得到改善。

Cr12 型钢在铸态下有网状共晶碳化物，轧制后，坯料中碳化物往往分布不均匀，呈带状分布。所以在制造模具时，特别是对精度要求高、形状复杂的模具，必须像高速钢一样经过较高锻造比的锻造来消除坯料中碳化物的不均匀分布，且在锻造后应缓慢冷却至室温，再进行等温球化退火。

Cr12 型钢属于二次硬化钢，有一次硬化法和二次硬化法两种淬火回火方法。

1. 一次硬化法

一次硬化法采用较低的淬火温度与较低的回火温度。通常 Cr12 钢的淬火温度为 950 ~ 980 ℃（Cr12MoV 钢为 1 000 ~ 1 050 ℃），淬火后钢中的残留奥氏体量约为 20%，回火温度一般为 160 ~ 180 ℃，一次硬化处理，使钢具有高硬度（61 ~ 63 HRC）与耐磨性，且晶粒细小，强度和韧性较好，且淬火变形较小，有微变形钢之称。大多数 Cr12 钢的冷作模具均采用此法。

2. 二次硬化法

二次硬化法采用较高的淬火温度与多次回火。通常 Cr12 钢的淬火温度为 1 080～1 100 ℃（Cr12MoV 钢为 1 100～1 120 ℃），由于残留奥氏体增多，故硬度较低（40～50HRC），但经过多次 510～520 ℃回火，产生二次硬化，硬度可升到 60～62 HRC。这种方法可获得较高的红硬性，适用于在 400～450 ℃条件下工作的模具或还需进行低温气体氮碳共渗的模具。

Cr12 钢经淬火＋回火后的组织为回火马氏体＋碳化物＋残留奥氏体。Cr12 钢适用于高载荷、高耐磨、高淬透性、变形量要求小的冷冲模。Cr12MoV 钢虽耐磨性不及 Cr12 钢，但强度、韧性都较好，应用最广。

二、Cr12 共晶碳化物不均匀度检测

（1）检测标准：GB/T 14979—1994《钢的共晶碳化物不均匀度评定法》，本标准适用于经过压力加工变形的莱氏体型高速工具钢、合金工具钢、高碳铬不锈轴承钢、高温轴承钢和高温不锈轴承钢中共晶碳化物不均匀度的显微评定。

（2）引用标准：GB/T 13298—2015《金属显微组织检验方法》。

（3）取样数量和部位：按相应的产品标准或有关协议规定。

（4）试样的检验状态：试样的检验状态为退火状态。注：必要时，也允许采用淬火＋回火状态。

（5）放大倍率：放大倍率为 100 倍，也允许为 90～110 倍。注：仲裁时，必须为 100 倍。

（6）评级原则：对于共晶碳化物呈网状形态的，主要考虑网的变形、完整程度及网上碳化物的堆积程度；对于共晶碳化物呈条带形态的，主要考虑条带宽度及带内碳化物的聚集程度。

（7）结果评定：在规定的检测部位选择共晶碳化物不均匀度最严重的视场与相应的评级图（Cr12 钢对应第四评级图）进行比较，评定其结果，评定结果用级别数表示。检测过程中发现有不变形或少变形的共晶碳化物时，对产品标准或协议中有要求者，应记录在试验报告中。

任务二　5CrNiMo显微组织评级

任务书

某企业要求对制作锤锻模的 5CrNiMo 钢淬火后的马氏体进行评级，任务工作周期 6 学时。接受任务后，请快速查阅有关的资料，学习相关的知识，获取金相试样制备及 5CrNiMo 钢淬火后的马氏体评级检测相关标准等有效信息。分组设计任务的完成流程，利用实验设备进行金相试样的制备，利用金相显微镜完成金相检测工作，检测结果交付验收，验收合格后撰写反思和总结报告。每次工作完成后按照实验室管理规范清理场地、归置物品，并按照环保规定处置废弃物。

任务分组

学生任务分配表与生产任务单见表4.2.1和表4.2.2。

表4.2.1　学生任务分配表

班级		组号		指导老师	
组长		学号			
组员	姓名	学号	姓名	学号	
任务分工					

表4.2.2　生产任务单

委托单位/地址		项目负责人		委托人/电话	
委托日期		要求完成日期		商定完成日期	
任务名称		课题或生产令号		样品/材料名称	
样品编号		样品状态	固体	批号	
				炉号	
工作内容及要求 （包括检测标准等）					
备注	有需要请在报告中注明锻件代号：		节号：	袋号：	

获取资讯

引导问题 1：5CrNiMo 钢淬火后的马氏体等级评定使用哪个标准？该标准适用于哪些钢？该标准还可以用于哪些组织评定方法？

引导问题 2：5CrNiMo 钢有哪些用途？与 5CrMnMo 钢有什么异同点？

引导问题 3：本任务的金相试样制备国标上有怎样的要求？

引导问题 4：根据国标上的规定，本任务的评定方法是什么？

工作计划

引导问题 5：完成本次任务团队成员应怎样分工？与其他团队是否沟通实验设备的使用及实验室的清洁、维护分工工作？具体实施细则是什么？

进行决策

引导问题 6：根据上述工作，合理分配实验设备使用及操作人员，见表4.2.3。

表 4.2.3　设备使用分工表

设备序号	设备名称	数量	设备代号	使用时间	使用人
1					
2					
3					
4					
5					
6					
7					
8					

引导问题 7：师生讨论并确定最合理的工艺流程及设备使用情况、实验室分组管理情况。

引导问题 8：根据工艺路线和设备使用分工表，填写金相检测工序表，见表4.2.4。

表 4.2.4　金相检测工序

工序号	工序内容	设备或材料	设备或材料规格（粒度）	设备转速 / (r·min⁻¹)	使用开始时间	使用结束时间
1						
2						

工序号	工序内容	设备或材料	设备或材料规格（粒度）	设备转速 / (r · min⁻¹)	使用开始时间	使用结束时间
3						
4						
5						
6						
7						
8						
9						
10						
11						
12						

 **工作实施**

引导问题9：根据试样的尺寸，采用何种制样方法？计划多久完成试样制备？

引导问题10：根据所检测的材料和所选用的检测方法，配制腐蚀剂（若使用前面任务的剩余，也在表4.2.5中说明，并注明用量、剩余量）。

表4.2.5　金相检测所用腐蚀剂

检测材料		配制人		配制腐蚀剂过程记录	
金相检测方法		用量			
腐蚀剂种类		剩余量			
腐蚀剂选择依据		剩余腐蚀剂处理			

引导问题11：5CrNiMo钢的最终热处理是什么？这种钢容易出现的缺陷组织有哪些？

引导问题 12：根据检测过程和结果，完成金相检测报告，见表4.2.6。

表 4. 2. 6　金相检测报告

任务编号 Task number		客户名称 Name of customer	
样品名称 Name of sample		客户地址 Address of customer	
样品编号 Sample number		样品数量 Number of samples	
取样方法 Sampling method		样品状态 Sample status	
材料炉号 Heat number		材料的热处理制度 Heat treatment	
检验面 Inspection surface		检测部位 Detection site	
检测标准 Testing standard		检测地点 Test location	
环境条件 Environment condition		备注 Note	

报告内容 Report contents：

采用国标_____对送检 5CrNiMo 钢马氏体等级进行评定，评定结果填入表 1。附 5 张放大 500 倍的组织形貌图。

结论 Conclusion：

检测人/日期：　　　　　　　复核人/日期：　　　　　　　批准人/日期：

Tested by/Date　　　　　　 Reviewed by/Date　　　　　　Approved by/Date

表 1　5CrNiMo 钢马氏体等级评定结果

样品名称	马氏体等级	备注

评价反馈

引导问题 13：按表 4.2.7 对金相试样的制备过程和质量，以及金相检测过程和结果进行评价，将结果填入表 4.2.8 和表 4.2.9 中（其中自评和互评各占 50%）。

表 4.2.7　金相检测全过程评分

检测材料/编号				总得分				
项目与配分	序号	评分点	配分	评分标准	自测记录	互测记录	得分
制样操作过程 （60%）	1	取样	10	违反安全全扣			
	2	镶嵌	10	违反安全全扣			
	3	粗磨	10	没有冷却扣 5 分，违反安全全扣			
	4	细磨	10	习惯差每处扣 2 分，扣完为止			
	5	抛光	10	样品飞出扣 2 分，离开不关水、电全扣			
	6	腐蚀	10	违反操作规则全扣			
制样水平 （20%）	7	划痕	10	视场中三条以上每条扣 2 分，扣完重做			
	8	显示	5	过轻或过重扣 5 分			
	9	磨面平整度	5	磨面不平全扣，没有合格视场重做			
测定方法和正确性 （10%）	10	测定方法	5	标准选错全扣，重做			
	11	正确性	5	计算错误扣 2 分，公式错误全扣			
金相显微镜的使用 （倒扣分）	12	手直接扒拉物镜镜头	−5	倒扣			
	13	湿手操作显微镜	−5	倒扣			
	14	湿样品直接置于显微镜下观察	−5	倒扣			
	15	观察过程中用手在载物台直接推动试样	−5	倒扣			
6S （10%及倒扣分）	16	是否符合6S精神	10 及倒扣	每违反一项扣 2 分，扣完可以倒扣			

表 4.2.8 活动过程评价小组自评表

班级		组名		日期	年　月　日
评价指标	评价要素			分数	分数评定
信息检索	能利用网络资源、工作手册查找有效信息,能通过与企业教师合理沟通获取有效信息;能用自己的语言有条理地去解释、表述所学知识;能将查找到的信息有效转换到工作中			10	
感知工作	是否熟悉各自的工作岗位,认同工作价值;在工作中是否获得满足感			5	
参与状态	与教师、企业员工、同学之间是否相互尊重、理解、平等;与教师、企业员工、同学之间是否能够保持多向、丰富、适宜的信息交流			15	
	探究学习,自主学习不流于形式,处理好合作学习和独立思考的关系,做到有效学习、深入探究相关标准;能提出有意义的问题或能发表个人见解;能按要求正确操作;能够倾听、协作分享			15	
学习方法	工作计划、操作技能是否符合规范要求;是否获得了进一步发展的能力			10	
工作过程	遵守实验室和企业管理规程,操作过程符合现场管理要求;平时上课的出勤情况和每天完成工作任务情况;善于多角度思考问题,能主动发现、提出有价值的问题			15	
思维状态	是否能发现问题、提出问题、分析问题、解决问题、创新问题			10	
自评反馈	按时按质完成工作任务;较好地掌握了金相分析技能;具有较强的信息分析能力和理解能力;具有较为全面、严谨的思维能力并能条理明晰地表述成文			20	
自评分数					·
有益的经验和做法					
总结反思建议					

表 4.2.9 活动过程评价小组互评表

班级		被评组名		日期	年　月　日
评价指标	评价要素			分数	得分
信息检索	该组成员能否利用网络资源、工作手册查找有效信息,能否通过与企业教师合理沟通获取有效信息			10	
	该组成员能否用自己的语言有条理地去解释、表述所学知识			5	
	该组成员能否将查找到的信息有效转换到工作中			5	

班级		被评组名		日期	年 月 日
评价指标	评价要素			分数	得分
感知工作	该组成员是否熟悉自己的工作岗位，并认同工作价值			5	
	该组成员在工作中是否获得满足感			5	
参与状态	该组成员与教师、企业员工、同学之间是否相互尊重、理解、平等			5	
	该组成员与教师、企业员工、同学之间是否能够保持多向、丰富、适宜的信息交流			5	
	该组成员能否处理好合作学习和独立思考的关系，做到有效学习			5	
	该组成员是否能提出有意义的问题或能发表个人见解，能按要求正确操作，能够倾听、协作分享			5	
	该组成员能否积极参与，在金相检测过程中不断学习，虚心请教企业员工，综合运用信息技术的能力能否得到提高			5	
学习方法	该组成员的工作计划、金相试样制备技能是否符合规范要求			5	
	该组成员是否获得了进一步发展的能力			5	
工作过程	该组成员是否遵守实验室和企业管理规程，且操作过程符合现场管理要求			5	
	该组成员平时上课的出勤情况和每天完成工作任务情况			5	
	该组成员是否能制备出良好的金相试样及合理选用国家标准，善于多角度思考问题，并能主动发现、提出有价值的问题			10	
思维状态	该组成员是否能发现问题、提出问题、分析问题、解决问题、创新问题			5	
自评反馈	该组成员是否能严肃认真地对待自评，并能独立完成金相检测全过程任务			10	
互评分数					
简要评述					

表 4.2.10 所示为教师评价表。

表 4.2.10　教师评价表

班级			组名		姓名	
出勤情况						
一	任务描述、接受任务	口述任务内容细节	1. 表述仪态自然，吐字清晰	3	表述仪态不自然或吐字模糊扣 1 分	
			2. 表述思路清晰，层次分明、准确		表述思路模糊或层次不清扣 2 分	

班级				组名			姓名		
出勤情况									
二	任务分析、分组情况	依据材料和检测项目、成员特点分组、分工	根据任务情况及班级成员特点，分组、分工合理、明确			2	表述思路模糊或层次不清扣1分		
							分工不明确扣1分		
三	制订计划	试样制备流程	1. 试样制备流程完整（包括所用设备、材料、药品等）			10	漏掉工序或描述不清扣1分，扣完为止		
		标准和方法的选择	2. 准确的标准和方法			5	选错全扣		
四	计划实施	制备金相试样前准备	1. 工装穿戴整齐			5	穿戴不齐扣1分		
			2. 设备检查良好				没有检查扣1分		
			3. 准备金相砂纸				没有准备扣3分，多准备或少准备各扣1分		
			4. 配制抛光液			5	没有配扣2分，配制浓度错误扣1分		
			5. 配制腐蚀液				没有配或浪费扣3分，配错扣2分		
		金相试样制备	1. 正确使用设备			5	设备使用错扣1分，扣完为止		
			2. 查阅资料，正确弥补制样缺陷			10	没有弥补每一项缺陷扣1分，扣完为止		
			3. 显微镜下金相组织质量			15	组织不清晰，划痕三条以上，试样表面不干净，酌情每项扣5分，扣完为止		
		实验室管理	1. 金相试样制备过程中6S精神			5	酌情扣分，扣完为止		
			2. 每天结束后清洁实验室，关闭水、电、门窗			10	每次不合格扣1分，扣完此项配分为止		
五	5CrMnMo 马氏体评级的检测	检测报告	能正确完成检测任务，并填写检测报告			10	检测报告有错误全扣		

班级			组名		姓名	
出勤情况						
六	总结	任务总结	1. 依据自评分数	2		
			2. 依据互评分数	3		
			3. 依据个人总结评价报告	10	依总结内容是否到位酌情给分	
		合计		100		

项目的相关知识点

推荐标准及资料：

（1）JB/T 8420—2008《热作模具钢显微组织评级》。

（2）JB/T 1299—2014《金属显微组织检验方法》。

JB/T 8420—2008
《热作模具钢显微组织评级》

一、热锻模用钢

5CrNiMo 钢是典型的热锻模用钢，具有良好的韧性、强度与耐磨性，并在 500～600 ℃时都能保持良好的力学性能。它有十分良好的淬透性，常用来制造大、中型热锻模。

GB/T 1299—2014
《金属显微组织检验方法》

热锻模在工作过程中，高温下金属被强制成型时，模具表面受到强烈摩擦、较大的冲击力或挤压力，承受高达 400～600 ℃的工作温度，还要受到喷入型腔冷却剂的急冷作用，使模具处在时冷时热的状态下，容易导致模具工作表面产生热疲劳裂纹（龟裂），所以热锻模用钢应在较高温度下（400～600 ℃）具有足够的强度、韧性与耐磨性，保持一定的硬度（40～50 HRC），有较好的热疲劳抗力。

热锻模用钢的化学成分与合金调质钢相似。碳含量在中碳范围［$\omega(C) = 0.3\%$～0.6%］，并含有铬、锰、镍、硅等合金元素，属于亚共析钢。中碳可保证其经过中高温回火后具有足够的强度与良好的韧性。添加合金元素可以进一步强化铁素体基体，尤其是镍元素的加入，固溶强化铁素体的同时还能提高其韧性。铬镍或铬锰的配合加入，可大大提高钢的淬透性。铬、钨、硅的加入可提高钢的相变点，使模具的表面在受到交替冷热温度变化发生相变时不至于产生较大应力，从而提高其热疲劳抗力；钼元素的加入可提高回火的稳定性，防止第二类回火脆性。

热锻模经锻造后需进行退火，加工后再进行淬火与回火，达到高强度、高韧性，并具有一定的硬度与耐磨性。回火温度根据模具大小而定，对模具的不同部分，如模面与模尾也有不同的硬度要求，模尾为避免因韧性不足而脆断，回火温度应较高；模面是工作部分，要求硬度较高，故回火温度较低。热锻模经 840～870 ℃淬火及回火后组织主要为回火托氏体。

二、5CrNiMo 显微组织评级

1. 标准

JB/T 8420—2008《热作模具钢显微组织评级》（代替 JB/T 8420—1996）。

2. 试样制备

试样在磨制和抛光过程中，其检查面不允许过热而导致组织变化，试样的制备应符合 GB/T 13298—2015《金属显微组织检验方法》的规定。试样侵蚀剂推荐用 4% 硝酸乙醇溶液或乙醇（80 mL）＋硝酸（10 mL）＋盐酸（10 mL）＋苦味酸（1 g）溶液。

3. 显微组织级别特征及评定方法

（1）显微组织均在放大 500 倍的显微镜下进行评定。

（2）每种热作模具钢按其显微组织特征及马氏体针的最大长度分为 6 级。

（3）马氏体均以金相比较法评定，检查不得少于三个视场，取其马氏体针最长的视场对照相应钢种的评级图进行评定。

（4）当有争议时，可测定马氏体针的最大长度或晶粒度，晶粒度测定应符合 GB/T 6394—2017《金属平均晶粒度测定方法》的规定。通常热作模具钢的马氏体评级以 2～4 级为宜，晶粒度级别以 7～10 级为宜。

任务三　W6Mo5Cr4V2高速钢碳化物均匀度检验

任务书

某企业要求对制作齿轮滚刀的 W6Mo5Cr4V2 高速钢碳化物均匀度进行检测，任务工作周期 6 学时。接受任务后，请快速查阅有关的资料，学习相关的知识，获取金相试样制备及 W6Mo5Cr4V2 高速钢碳化物均匀度检验相关标准等有效信息。分组设计任务的完成流程，利用实验设备进行金相试样的制备，利用金相显微镜完成金相检测工作，检测结果交付验收，验收合格后撰写反思和总结报告。每次工作完成后按照实验室管理规范清理场地、归置物品，并按照环保规定处置废弃物。

任务分组

学生任务分配表与生产任务单见表 4.3.1 和表 4.3.2。

表 4.3.1　学生任务分配表

班级		组号		指导老师	
组长		学号			
组员	姓名	学号		姓名	学号
任务分工					

表 4.3.2　生产任务单

委托单位/地址		项目负责人		委托人/电话	
委托日期		要求完成日期		商定完成日期	
任务名称		课题或生产令号		样品/材料名称	
样品编号		样品状态	固体	批号	
				炉号	
工作内容及要求 （包括检测标准等）					
备注	有需要请在报告中注明锻件代号：　　　　　节号：　　　　袋号：				

获取资讯

引导问题 1：W6Mo5Cr4V2 高速钢碳化物均匀度检验评定使用哪个标准？该标准适用于哪些钢？该标准还可以用于哪些组织评定方法？

引导问题 2：根据标准的规定，W6Mo5Cr4V2 高速钢碳化物均匀度检验应怎样取样？

引导问题 3：W6Mo5Cr4V2 高速钢碳化物均匀度检验应怎样进行热处理？怎样选择视场和放大倍数？允许误差范围是多大？

引导问题4：完成本次任务团队成员应怎样分工？与其他团队是否沟通实验设备的使用及实验室的清洁、维护分工工作？具体实施细则是什么？

引导问题5：根据国标规定，选择何种热处理设备？具体怎样操作？提前有哪些安全措施要做好？

进行决策

引导问题6：根据上述工作，合理分配实验设备使用及操作人员，见表4.3.3。

表4.3.3 设备使用分工表

设备序号	设备名称	数量	设备代号	使用时间	使用人
1					
2					
3					
4					
5					
6					
7					
8					

引导问题 7：师生讨论并确定最合理的工艺流程及设备使用情况、实验室分组管理情况。

（此处为空白填写框）

引导问题 8：根据工艺路线和设备使用分工表，填写金相检测工序表，见表 4.3.4。

表 4.3.4　金相检测工序

工序号	工序内容	设备或材料	设备或材料规格（粒度）	设备转速 / ($r \cdot min^{-1}$)	使用开始时间	使用结束时间
1						
2						
3						
4						
5						
6						
7						
8						
9						
10						
11						
12						

工作实施

引导问题 9：热处理时是否有预防氧化和脱碳的措施？怎样做？

（此处为空白填写框）

引导问题 10：根据试样的尺寸，采用何种制样方法？计划多久完成试样制备？

引导问题 11：根据所检测的材料和所选用的检测方法，配制腐蚀剂（若使用前面任务的剩余，也在表4.3.5中说明，并注明用量、剩余量）。

表4.3.5　金相检测所用腐蚀剂

检测材料		配制人		配制腐蚀剂过程记录	
金相检测方法		用量			
腐蚀剂种类		剩余量			
腐蚀剂选择依据		剩余腐蚀剂处理			

引导问题 12：根据检测过程和结果，完成金相检测报告，见表4.3.6。

表4.3.6　金相检测报告

任务编号 Task number		客户名称 Name of customer	
样品名称 Name of sample		客户地址 Address of customer	
样品编号 Sample number		收样日期 Date of receipt	
材料批号 Batch number		样品状态 Sample status	
材料炉号 Heat number		材料的热处理制度 Heat treatment	
技术条件 Product specification		抽样标准 Sampling standard	
检测标准 Testing standard		检测地点 Test location	
环境条件 Environment condition		备注 Note	

报告内容 Report contents：

采用国标_____对送检 W6Mo5Cr4V2 高速钢碳化物均匀度进行评定，评定结果填入表 1。附放大 100 倍的 3 个最严重视场金相组织。

结论 Conclusion：

检测人/日期：   复核人/日期：   批准人/日期：

Tested by/Date   Reviewed by/Date   Approved by/Date

表1   W6Mo5Cr4V2 高速钢碳化物均匀度检验评定结果

样品名称	碳化物网状级别	备注

评价反馈

引导问题 13：按表 4.3.7 对金相试样的制备过程和质量，以及金相检测过程和结果进行评价，将结果填入表 4.3.8 和表 4.3.9 中（其中自评和互评各占 50%）。

表 4.3.7   金相检测全过程评分

检测材料/编号		总得分				
项目与配分	序号	评分点	配分	评分标准	自测记录	互测记录	得分
制样操作过程（60%）	1	取样	10	违反安全全扣			
	2	镶嵌	10	违反安全全扣			
	3	粗磨	10	没有冷却扣 5 分，违反安全全扣			
	4	细磨	10	习惯差每处扣 2 分，扣完为止			
	5	抛光	10	样品飞出扣 2 分，离开不关水、电全扣			
	6	腐蚀	10	违反操作规则全扣			

检测材料/编号				总得分			
项目与配分	序号	评分点	配分	评分标准	自测记录	互测记录	得分
制样水平 （20%）	7	划痕	10	视场中三条以上每条扣2分，扣完重做			
	8	显示	5	过轻或过重扣5分			
	9	磨面平整度	5	磨面不平全扣，没有合格视场重做			
测定方法和正确性 （10%）	9	测定方法	5	标准选错全扣，重做			
	10	正确性	5	计算错误扣2分，公式错误全扣			
金相显微镜的使用 （倒扣分）	11	手直接扒拉物镜镜头	−5	倒扣			
	12	湿手操作显微镜	−5	倒扣			
	13	湿样品直接置于显微镜下观察	−5	倒扣			
	14	观察过程中用手在载物台直接推动试样	−5	倒扣			
6S （10%及倒扣分）	15	是否符合6S精神	10及倒扣	每违反一项扣2分，扣完可以倒扣			

表 4.3.8　活动过程评价小组自评表

班级		组名		日期	年　月　日
评价指标	评价要素			分数	分数评定
信息检索	能利用网络资源、工作手册查找有效信息，能通过与企业教师合理沟通获取有效信息；能用自己的语言有条理地去解释、表述所学知识；能将查找到的信息有效转换到工作中			10	
感知工作	是否熟悉各自的工作岗位，认同工作价值；在工作中是否获得满足感			5	
参与状态	与教师、企业员工、同学之间是否相互尊重、理解、平等；与教师、企业员工、同学之间是否能够保持多向、丰富、适宜的信息交流			15	
	探究学习，自主学习不流于形式，处理好合作学习和独立思考的关系，做到有效学习、深入探究相关标准；能提出有意义的问题或能发表个人见解；能按要求正确操作；能够倾听、协作分享			15	

班级			组名		日期	年　月　日
评价指标	评价要素				分数	分数评定
学习方法	工作计划、操作技能是否符合规范要求；是否获得了进一步发展的能力				10	
工作过程	遵守实验室和企业管理规程，操作过程符合现场管理要求；平时上课的出勤情况和每天完成工作任务情况；善于多角度思考问题，能主动发现、提出有价值的问题				15	
思维状态	是否能发现问题、提出问题、分析问题、解决问题、创新问题				10	
自评反馈	按时按质完成工作任务；较好地掌握了金相分析技能；具有较强的信息分析能力和理解能力；具有较为全面、严谨的思维能力并能条理明晰地表述成文				20	
自评分数						
有益的经验和做法						
总结反思建议						

表 4.3.9　活动过程评价小组互评表

班级			被评组名		日期	年　月　日
评价指标	评价要素				分数	得分
信息检索	该组成员能否利用网络资源、工作手册查找有效信息，能否通过与企业教师合理沟通获取有效信息				10	
	该组成员能否用自己的语言有条理地去解释、表述所学知识				5	
	该组成员能否将查找到的信息有效转换到工作中				5	
感知工作	该组成员是否熟悉自己的工作岗位，并认同工作价值				5	
	该组成员在工作中是否获得满足感				5	
参与状态	该组成员与教师、企业员工、同学之间是否相互尊重、理解、平等				5	
	该组成员与教师、企业员工、同学之间是否能够保持多向、丰富、适宜的信息交流				5	
	该组成员能否处理好合作学习和独立思考的关系，做到有效学习				5	
	该组成员是否能提出有意义的问题或能发表个人见解，能按要求正确操作，能够倾听、协作分享				5	
	该组成员能否积极参与，在金相检测过程中不断学习，虚心请教企业员工，综合运用信息技术的能力能否得到提高				5	

班级		被评组名		日期	年 月 日
评价指标	评价要素			分数	得分
学习方法	该组成员的工作计划、金相试样制备技能是否符合规范要求			5	
	该组成员是否获得了进一步发展的能力			5	
工作过程	该组成员是否遵守实验室和企业管理规程，且操作过程符合现场管理要求			5	
	该组成员平时上课的出勤情况和每天完成工作任务情况			5	
	该组成员是否能制备出良好的金相试样及合理选用国家标准，善于多角度思考问题，并能主动发现、提出有价值的问题			10	
思维状态	该组成员是否能发现问题、提出问题、分析问题、解决问题、创新问题			5	
自评反馈	该组成员是否能严肃认真地对待自评，并能独立完成金相检测全过程任务			10	
互评分数					
简要评述					

表 4.3.10 所示为教师评价表。

表 4.3.10　教师评价表

班级		组名		姓名	
出勤情况					
一	任务描述、接受任务	口述任务内容细节	1. 表述仪态自然、吐字清晰	3	表述仪态不自然或吐字模糊扣1分	
			2. 表述思路清晰，层次分明、准确		表述思路模糊或层次不清扣2分	
二	任务分析、分组情况	依据材料和检测项目、成员特点分组、分工	根据任务情况及班级成员特点，分组、分工合理、明确	2	表述思路模糊或层次不清扣1分	
					分工不明确扣1分	
三	制订计划	试样制备流程	1. 试样制备流程完整（包括所用设备、材料、药品等）	10	漏掉工序或描述不清扣1分，扣完为止	
		标准和方法的选择	2. 准确的标准和方法	5	选错全扣	

班级				组名			姓名		
出勤情况									
四	计划实施	制备金相试样前准备	1. 工装穿戴整齐		5		穿戴不齐扣1分		
			2. 设备检查良好				没有检查扣1分		
			3. 准备金相砂纸				没有准备扣3分，多准备或少准备各扣1分		
			4. 配制抛光液		5		没有配制扣2分，配制浓度错误扣1分		
			5. 配制腐蚀液				没有配制或浪费扣3分，配错扣2分		
		金相试样制备	1. 正确使用设备		5		设备使用错误扣1分，扣完为止		
			2. 查阅资料，正确弥补制样缺陷		10		没有弥补每一项缺陷扣1分，扣完为止		
			3. 显微镜下金相组织质量		15		组织不清晰，划痕三条以上，试样表面不干净，酌情每项扣5分，扣完为止		
		实验室管理	1. 金相试样制备过程中6S精神		5		酌情扣分，扣完为止		
			2. 每天结束后清洁实验室，关闭水、电、门窗		10		每次不合格扣1分，扣完此项配分为止		
五	高速钢的碳化物均匀度的检测	检测报告	能正确完成检测任务，并填写检测报告		10		检测报告有错误全扣		
六	总结	任务总结	1. 依据自评分数		2				
			2. 依据互评分数		3				
			3. 依据个人总结评价报告		10		依总结内容是否到位酌情给分		
		合计			100				

推荐标准及资料：

JB/T 4290—2011《高速工具钢锻件技术条件》。

JB/T 4290—2011《高速工具钢锻件技术条件》

W6Mo5Cr4V2 高速钢碳化物均匀度检验。

（1）标准：JB/T 4290—2011《高速工具钢锻件技术条件》，代替 JB/T 4290—1999。

（2）试样热处理：淬火 + 回火。淬火：1 200 ~ 1 220 ℃（盐浴）；回火：680 ~ 700 ℃，1 h。

（3）碳化物均匀度评级：锻件碳化物均匀度评级按 JB/T 4290—2011 标准中附录 A ~ 附录 F 的图片相应钨钼系对照评定，放大 100 倍。以检查部位内 3 个严重视场的算术平均值作为评级依据，允许有 0.5 级的误差。

金相小故事

周志宏（1897 年 12 月 28 日—1991 年 2 月 13 日），江苏丹徒人，冶金与金属材料专家，中国金属学与金属热处理的带头人之一，中国合金钢与铁合金生产的奠基人之一。1951 年，他受重工业部①委托，在上海举办了理化检验短训班，为中国培养了第一批检验技术骨干。他的学生遍布全国，为中国培养出了一大批金属、机械科技人才。

柯俊（1917 年 6 月 23 日—2017 年 8 月 8 日），浙江黄岩人，材料物理学及科学技术史学家，中国科学院资深院士，中国金属物理、冶金史学科奠基人，在钢中首次发现了贝氏体切变机制，而他也成了贝氏体相变切变理论的创始人，并发现了蝶状马氏体形成机制。

师昌绪（1918 年 12 月 17 日—2014 年 11 月 10 日），金属学及材料科学家，中国高温合金和新型合金钢的重要奠基人，材料腐蚀与防护领域的开拓者，致力于材料科学研究与工程应用工作，在中国国内开展了高温合金及新型合金钢等材料的研究与开发工作；20 世纪 60 年代，研制出铸造出九孔高温合金涡轮叶片，攻关了一系列技术难题，使中国航空发动机涡轮叶片技术由锻造到铸造、结构由实心到空心；在金属凝固理论方面发展了低偏析合金技术，通过有效控制微量元素降低合金凝固偏析；研发应用于各类飞机发动机和大型燃气轮机定向、单晶等系列高温合金和复杂型腔铸造技术。其开发出多种节约镍铬的合金钢，领导建立了中国自然环境腐蚀站网，为中国材料

---

① 中华人民共和国重工业部，1956 年被撤销。

研究与工程应用提供了基础性数据；提倡传统材料与新材料研究、基础研究与应用研究并重；推动了中国材料疲劳与断裂、非晶纳米晶等学科的发展；提出中国发展镁合金，倡导并参与中国高强碳纤维的研发应用；20世纪80年代，主持筹建了中国第一个腐蚀专业的中国科学院金属腐蚀与防护研究所。

"八载隔洋同对月，一心挫霸誓归国。归来是你的梦，盈满对祖国的情。有胆识，敢担当，空心涡轮叶片，是你送给祖国的翅膀。两院元勋，三世书香。一介书生，国之栋梁。"——这是"感动中国2014年度人物"师昌绪的颁奖词。

郭可信（1923年8月23日—2006年12月13日），出生于北平（现北京），物理冶金、晶体学家，中国科学院院士、瑞典皇家工程科学院外籍院士、中国科学院物理研究所研究员、博士生导师。郭可信先后从事晶体结构、晶体缺陷及准晶方面的研究，用电子显微镜研究准晶及相关晶体相结构。他也为中国材料科学、晶体学、电子显微学的发展培养了一批优秀人才。

项目五　铸钢和铸铁的金相检测

项目描述

　　本项目属于高级阶段，共有四个检测任务，要求完成典型铸钢、铸铁的金相检测工作，熟悉金相检测的方法，熟悉铸钢、铸铁的种类和用途。本项目不仅考查同学们对金相检测方法的使用，也考查大家对铸钢、铸铁的知识掌握程度。建议 24 个学时完成。

学习目标

1. 知识目标

（1）掌握金相试样的制备方法。

（2）具备合理安排金相检测工艺流程的能力。

（3）能够按要求正确检测出显微组织以及碳化物、晶粒度和非金属夹杂物。

2. 能力目标

（1）识读任务书，能快速、准确地明确任务要求。

（2）正确操作砂轮切割机、砂轮机、抛光机和金相显微镜。

（3）正确磨制试样。

（4）正确配制金相试样腐蚀剂。

（5）能够选择完成任务所需要的方法，并进行时间和工作场所安排。

（6）讨论分析试样制备缺陷造成的原因和应采取的解决方法。

（7）总结在组织的检测中获得的经验和不足之处。

（8）掌握如何准确使用金相检测标准。

3. 素养目标

（1）进一步提升学生的决策能力和组织能力。

（2）训练信息搜集、整理、提炼能力及集体协作能力。

（3）进一步提升职业素养。

（4）进一步注重培养工匠精神和劳模精神。

任务一　铸造碳钢的金相检测

任务书

　　某企业需检测所生产 ZG230 – 450 的显微组织以及非金属夹杂物，要求利用现有设备完成 ZG230 – 450 试样的制备和 ZG230 – 450 的检测任务，任务工作周期 6 学时。接受任务后，可以通过图书馆、网络下载、学银在线等平台资源及企业查阅有关的资料，学习相关的知识，获取金相试样制备及 ZG230 – 450 金相检验标准等有效信息。分组设计任务的完成流程，利用实验设备进行金相试样的制备，并用金相显微镜完成 ZG230 – 450 金相检验工作，交付企业验收合格后撰写反思和总结报告。每次工作完成后按照实验室管理规范清理场地、归置物品，并按照环保规定处置废弃物。

任务分组

　　学生任务分配表与生产任务单见表 5.1.1 和表 5.1.2。

表 5.1.1　学生任务分配表

班级		组号		指导老师	
组长		学号			
组员	姓名	学号		姓名	学号
任务分工					

表 5.1.2　生产任务单

委托单位/地址		项目负责人		委托人/电话	
委托日期		要求完成日期		商定完成日期	
任务名称		课题或生产令号		样品/材料名称	
样品编号		样品状态	固体	批号	
				炉号	
工作内容及要求 （包括检测标准等）					
备注	有需要请在报告中注明铸件代号：　　　　　节号：　　　　袋号：				

获取资讯

引导问题 1：铸造碳钢的主要化学成分是什么？在化学成分中对铸造碳钢力学性能影响最大的元素是什么？

引导问题 2：魏氏体组织在铸造碳钢中为什么有害？

引导问题 3：金相试样的制备过程应注意哪些事项？

引导问题 4：铸造碳钢同一视场中有多种夹杂物时如何评定？

小提示

ZG230 – 450 显微组织见表 5.1.3。

表 5.1.3 不同热处理规范的显微组织

状态		热处理温度/℃	显微组织及其特征 100×
铸态		—	魏氏体组织 + 块状铁素体 + 珠光体
退火	非正常	$Ac_1 \sim Ac_3$	铁素体 + 网状分布的珠光体 + 残留铸态组织
	正常	$Ac_3 +$（50~150）	铁素体 + 网状分布的珠光体
	非正常	（$Ac_3 +150$）以上	铁素体 + 网状分布的珠光体（组织粗化）
正火	非正常	$Ac_1 \sim Ac_3$	铁素体 + 珠光体 + 残留铸态组织
	正常	$Ac_3 +$（50~150）	铁素体 + 珠光体
	非正常	（$Ac_3 +150$）以上	铁素体 + 珠光体 + 魏氏体组织（组织粗化）

工作计划

引导问题 5：完成本次任务团队成员应怎样分工？与其他团队是否沟通实验设备的使用及实验室的清洁、维护分工工作？具体实施细则是什么？

引导问题 6：根据 ZG230 – 450 特点，选择何种腐蚀剂？如何配制腐蚀剂？试样抛光时应注意什么？

引导问题7：根据上述工作，合理分配实验设备使用及操作人员，见表 5.1.4。

表 5.1.4　设备使用分工表

设备序号	设备名称	数量	设备代号	使用时间	使用人
1					
2					
3					
4					
5					
6					
7					
8					

引导问题8：师生讨论并确定最合理的工艺流程及设备使用情况、实验室分组管理情况。

引导问题9：检验试样数量应根据什么来确定？放大倍数是多少？

引导问题10：根据工艺路线和设备使用分工表，填写金相检测工序表，见表 5.1.5。

表 5.1.5　金相检测工序

工序号	工序内容	设备或材料	设备或材料规格（粒度）	设备转速（r·min⁻¹）	使用开始时间	使用结束时间
1						
2						
3						
4						
5						
6						
7						
8						
9						
10						
11						
12						

工作实施

引导问题 11：根据所检测的材料和所选用的检测方法，配制腐蚀剂（若使用前面任务的剩余，也在表 5.1.6 中说明，并注明用量、剩余量）。

表 5.1.6　金相检测所用腐蚀剂

检测材料		配制人		配制腐蚀剂过程记录	
金相检测方法		用量			
腐蚀剂种类		剩余量			
腐蚀剂选择依据		剩余腐蚀剂处理			

引导问题 12：查阅相关标准，写出 ZG230 – 450 的非金属夹杂物如何评级。

引导问题 13：根据检测过程和结果，完成金相检测报告，见表 5.1.7。

表 5.1.7　金相检测报告

任务编号 Task number		客户名称 Name of customer	
样品名称 Name of sample		客户地址 Address of customer	
样品编号 Sample number		样品规格 Sample specification	
取样方法 Sampling method		样品状态 Sample status	
材料炉号 Heat number		材料的热处理制度 Heat treatment	
检验面 Inspection surface		检测部位 Detection site	
检测标准 Testing standard		检测地点 Test location	
环境条件 Environment condition		备注 Note	

报告内容 Report contents：

将 ZG230 - 450 的显微组织以及非金属夹杂物评定结果填入表 1、表 2。附显微组织和金相组织照片。

结论 Conclusion：

检测人/日期：　　　　　　　复核人/日期：　　　　　　　批准人/日期：

Tested by/Date　　　　　　　Reviewed by/Date　　　　　　Approved by/Date

表 1　晶粒度级别评定结果

样品名称	晶粒度级别	备注

表 2　非金属夹杂物级别评定结果

样品名称	非金属夹杂物级别	备注

引导问题 14：按表 5.1.8 对金相试样的制备过程和质量，以及金相检测过程和结果进行评价，将结果填入表 5.1.9 和表 5.1.10 中（其中自评和互评各占 50%）。

表 5.1.8　金相检测全过程评分

检测材料/编号				总得分			
项目与配分	序号	评分点	配分	评分标准	自测记录	互测记录	得分
制样操作过程 （60%）	1	取样	10	违反安全全扣			
	2	镶嵌	10	违反安全全扣			
	3	粗磨	10	没有冷却扣 5 分，违反安全全扣			
	4	细磨	10	习惯差每处扣 2 分，扣完为止			
	5	抛光	10	样品飞出扣 2 分，离开不关水、电全扣			
	6	腐蚀	10	违反操作规则全扣			
制样水平 （20%）	7	划痕	10	视场中三条以上每条扣 2 分，扣完重做			
	8	显示	5	过轻或过重扣 5 分			
	9	磨面平整度	5	磨面不平全扣，没有合格视场重做			
测定方法和正确性 （10%）	10	测定方法	5	标准选错全扣，重做			
	11	正确性	5	计算错误扣 2 分，公式错误全扣			
金相显微镜的使用 （倒扣分）	12	手直接扒拉物镜镜头	−5	倒扣			
	13	湿手操作显微镜	−5	倒扣			
	14	湿样品直接置于显微镜下观察	−5	倒扣			
	15	观察过程中用手在载物台直接推动试样	−5	倒扣			
6S （10% 及倒扣分）	16	是否符合6S 精神	10 及倒扣	每违反一项扣 2 分，扣完可以倒扣			

表 5.1.9　活动过程评价小组自评表

班级		组名		日期	年　月　日
评价指标	评价要素			分数	分数评定
信息检索	能利用网络资源、工作手册查找有效信息，能通过与企业教师合理沟通获取有效信息；能用自己的语言有条理地去解释、表述所学知识；能将查找到的信息有效转换到工作中			10	
感知工作	是否熟悉各自的工作岗位，认同工作价值；在工作中是否获得满足感			5	
参与状态	与教师、企业员工、同学之间是否相互尊重、理解、平等；与教师、企业员工、同学之间是否能够保持多向、丰富、适宜的信息交流			15	
	探究学习，自主学习不流于形式，处理好合作学习和独立思考的关系，做到有效学习、深入探究相关标准；能提出有意义的问题或能发表个人见解；能按要求正确操作；能够倾听、协作分享			15	
学习方法	工作计划、操作技能是否符合规范要求；是否获得了进一步发展的能力			10	
工作过程	遵守实验室和企业管理规程，操作过程符合现场管理要求；平时上课的出勤情况和每天完成工作任务情况；善于多角度思考问题，能主动发现、提出有价值的问题			15	
思维状态	是否能发现问题、提出问题、分析问题、解决问题、创新问题			10	
自评反馈	按时按质完成工作任务；较好地掌握了金相分析技能；具有较强的信息分析能力和理解能力；具有较为全面、严谨的思维能力并能条理明晰地表述成文			20	
自评分数					
有益的经验和做法					
总结反思建议					

表 5.1.10　活动过程评价小组互评表

班级		被评组名		日期	年　月　日
评价指标	评价要素			分数	得分
信息检索	该组成员能否利用网络资源、工作手册查找有效信息，能否通过与企业教师合理沟通获取有效信息			10	
	该组成员能否用自己的语言有条理地去解释、表述所学知识			5	
	该组成员能否将查找到的信息有效转换到工作中			5	

班级		被评组名		日期	年　月　日
评价指标	评价要素			分数	得分
感知工作	该组成员是否熟悉自己的工作岗位，并认同工作价值			5	
	该组成员在工作中是否获得满足感			5	
参与状态	该组成员与教师、企业员工、同学之间是否相互尊重、理解、平等			5	
	该组成员与教师、企业员工、同学之间是否能够保持多向、丰富、适宜的信息交流			5	
	该组成员能否处理好合作学习和独立思考的关系，做到有效学习			5	
	该组成员能否提出有意义的问题或能发表个人见解；能按要求正确操作；能够倾听、协作分享			5	
	该组成员能否积极参与，在金相检测过程中不断学习，虚心请教企业员工，综合运用信息技术的能力能否得到提高			5	
学习方法	该组成员的工作计划、金相试样制备技能是否符合规范要求			5	
	该组成员是否获得了进一步发展的能力			5	
工作过程	该组成员是否遵守实验室和企业管理规程，且操作过程符合现场管理要求			5	
	该组成员平时上课的出勤情况和每天完成工作任务情况			5	
	该组成员是否能制备出良好的金相试样及合理选用国家标准，善于多角度思考问题，并能主动发现、提出有价值的问题			10	
思维状态	该组成员是否能发现问题、提出问题、分析问题、解决问题、创新问题			5	
自评反馈	该组成员是否能严肃认真地对待自评，并能独立完成金相检测全过程任务			10	
互评分数					
简要评述					

表 5.1.11 所示为教师评价表。

表 5.1.11　教师评价表

班级			组名		姓名	
出勤情况						
一	任务描述、接受任务	口述任务内容细节	1. 表述仪态自然、吐字清晰	3	表述仪态不自然或吐字模糊扣 1 分	
			2. 表述思路清晰，层次分明、准确		表述思路模糊或层次不清扣 2 分	

班级		组名		姓名		
出勤情况						
二	任务分析、分组情况	依据材料和检测项目、成员特点分组、分工	根据任务情况及班级成员特点，分组、分工合理、明确	2	表述思路模糊或层次不清扣1分	
					分工不明确扣1分	
三	制订计划	试样制备流程	1. 试样制备流程完整（包括所用设备、材料、药品等）	10	漏掉工序或描述不清扣1分，扣完为止	
		标准和方法的选择	2. 准确的标准和方法	5	选错全扣	
四	计划实施	制备金相试样前准备	1. 工装穿戴整齐	5	穿戴不齐扣1分	
			2. 设备检查良好		没有检查扣1分	
			3. 准备金相砂纸		没有准备扣3分，多准备或少准备各扣1分	
			4. 配制抛光液	5	没有配制扣2分，配制浓度错误扣1分	
			5. 配制腐蚀液		没有配制或浪费扣3分，配错扣2分	
		金相试样制备	1. 正确使用设备	5	设备使用错误扣1分，扣完为止	
			2. 查阅资料，正确弥补制样缺陷	10	没有弥补每一项缺陷扣1分，扣完为止	
			3. 显微镜下金相组织质量	15	组织不清晰，划痕三条以上，试样表面不干净，酌情每项扣5分，扣完为止	
		实验室管理	1. 金相试样制备过程中6S精神	5	酌情扣分，扣完为止	
			2. 每天结束后清洁实验室，关闭水、电、门窗	10	每次不合格扣1分，扣完此项配分为止	
五	铸钢的显微组织和夹杂物的检测	检测报告	能正确完成检测任务，并填写检测报告	10	检测报告有错误全扣	

班级			组名			姓名		
出勤情况								
六	总结	任务总结	1. 依据自评分数	2				
			2. 依据互评分数	3				
			3. 依据个人总结评价报告	10	依总结内容是否到位酌情给分			
		合计		100				

项目的相关知识点

一、铸态组织

铸态组织分 8 级，按第一评级图评定，见表 5.1.12。

表 5.1.12 铸态组织评级

级别	显微组织及其特征 100×
1	一次奥氏体晶界型铁素体＋向晶内生长针条状铁素体魏氏组织＋珠光体及其他硬化组织
2	一次奥氏体晶界型粗厚铁素体＋针状铁素体魏氏体组织＋珠光体及其他硬化组织
3	一次奥氏体晶界型粗厚铁素体＋细条状铁素体魏氏体组织＋珠光体＋块状铁素体
4	长条状铁素体魏氏体组织＋珠光体＋大块状铁素体
5	粗厚长条状铁素体魏氏体组织＋珠光体＋聚集分布小块状铁素体
6	中等条状铁素体魏氏体组织＋珠光体＋块状铁素体
7	一次奥氏体晶界型粗厚铁素体＋珠光体＋块状铁素体＋细条状铁素体魏氏体组织
8	块状及短粗条状铁素体＋珠光体＋细条状铁素体魏氏体组织

二、残余铸态组织

残余铸态组织分 8 级，按第二评级图评定，见表 5.1.13。

表 5.1.13 残余铸态组织评级

级别	显微组织及其特征 100×
1	粗厚条状铁素体魏氏体组织＋球化体＋块状铁素体
2	位向分布条状铁素体＋球化体＋铁素体
3	粗厚条状铁素体＋网状珠光体＋粗晶粒铁素体

级别	显微组织及其特征100×
4	位向分布条状铁素体＋断续网状珠光体＋粗晶粒铁素体
5	位向分布细条状铁素体＋网状珠光体＋铁素体
6	位向分布细条状铁素体＋珠光体＋铁素体
7	条状及粗晶粒铁素体＋细块状珠光体
8	粗晶粒铁素体＋细块状珠光体与铁素体混合分布

三、夹杂物类型

按第一评级图评定，见表5.1.14。

表5.1.14　夹杂物类型

夹杂物类型	说明
Ⅰ型	包含氧化物，表面附有硫化物的硅酸盐类夹杂物和复合二氧化硅玻璃体等球状夹杂物
Ⅱ型	包含灰色点条状硫化铁锰及其与氧化铁锰共晶型夹杂物等点网状分布夹杂物
Ⅲ型	包含黑色多角形含三硫化铝的复合夹杂物和钢中加添钡钒等出现的多角形夹杂物以及其他非球状分布夹杂物
Ⅳ型	三氧化二铝树枝晶形夹杂物，在光学显微镜下呈群状
二次氧化夹杂物	以氧化铁为主要成分的夹杂物，属外来夹杂物范畴
外来夹杂物	钢水浇注时带入的夹渣及耐火材料等粗大颗粒夹杂物

四、铸造碳钢的化学成分

铸造碳钢中的主要元素是铁和碳。钢在冶炼过程中，不可避免地要带入少量的常存杂质元素（锰、硅、硫、磷）和一些杂质（非金属杂质以及某些气体，如氮、氢、氧等），它们对钢的质量有较大的影响。

1. 锰的影响

锰在钢中是有益元素。锰从 FeO 中夺取氧形成 MnO 进入炉渣，清除 FeO 可降低钢的脆性。锰还能与硫化合成 MnS，以减少硫对钢的有害影响，改善钢的热加工性能。在室温下，锰大部分溶于铁素体，对钢有一定的强化作用，但作为杂质元素存在于碳钢时，其质量分数应不超过 1.0%，因为如果含量过高会使钢的过热敏感性增加而使晶粒粗大。

2. 硅的影响

硅的脱氧能力比锰还强，硅与钢液中的 FeO 结成密度较小的硅酸盐，以炉渣的形式被除去，降低钢的脆性。硅能溶于铁素体，使铁素体强化，从而提高钢的强度、硬度，但会降低钢的塑性和韧性。硅能使 Fe_3C 稳定性下降，促进 Fe_3C 分解生成石墨，会使钢的韧性严重下降，产生黑脆。整体说来，硅在钢中是有益元素，但作为杂质元素存在于碳素钢时其质量分数应小于0.5%。

3. 硫的影响

硫是钢中的有害元素。在固态下硫不溶于铁，而以FeS的形式存在，FeS与Fe能形成低熔点的共晶体（Fe + FeS），熔点仅为985℃，且分布在奥氏体晶界上。当钢在1 000～1 200℃下加工时，由于低熔点共晶体熔化，故显著减弱晶粒之间的联系，使钢材在压力加工时沿晶界开裂，这种现象为热脆。为了避免热脆，钢中含硫量必须严格控制，通常硫的质量分数应不超过0.05%。

4. 磷的影响

磷是钢中的有害元素。磷能全部熔于铁素体，起到固溶强化作用，从而提高铁素体的强度、硬度，但在室温下会使钢的塑性、韧性急剧下降并变脆，这种现象称为冷脆。所以要严格控制磷在钢中的含量，通常磷的质量分数应不超过0.045%。

5. 氢的影响

氢是钢中的有害元素。氢会使钢的力学性能特别是塑性恶化，甚至断裂，在钢断口上出现白点。同时氢还会引起点状偏析、氢脆等缺陷。

6. 氮的影响

氮是钢中的有害元素。当钢在200～250℃加热时，氮可提高钢的强度、硬度，降低塑性和韧性，使钢变脆，并使钢表面氧化成蓝色，故称为蓝脆。钢中氮含量增加，钢的焊接性能变坏。

7. 氧的影响

氧是钢中的有害元素。氧在固态铁中的溶解度很小，主要以氧化物夹杂的形式存在。所以钢中的夹杂物除部分硫化物以外，绝大多数为氧化物。非金属夹杂物是钢的主要破坏源，对钢材的疲劳强度、加工性能、延展性、韧性、焊接性能、耐腐蚀性能等均有显著的不良影响。

五、铸态组织及热处理

碳钢在铸态下的力学性能是比较差的，特别是冲击韧性低。力学性能差的原因除了可能存在铸造缺陷外，更重要的原因是金相组织上存在缺陷，主要表现为晶粒粗大及存在魏氏体组织。

1. 晶粒粗大

钢的晶粒大小在很大程度上与冷却速度有关，铸件厚度越大时，冷却速度越慢，钢的晶粒越粗大。铸型材料导热性越差，晶粒越粗大，在其他条件相同时，用砂型铸造出来的晶粒要比用金属型铸造出来的粗。此外，浇铸温度对钢的晶粒度也有重要的影响，当钢液的浇铸温度高时，铸钢的结晶过程进展慢，钢的晶粒就比较粗。

当将铸态的钢进行热处理时，能使晶粒细化。晶粒细化的过程可分为两个阶段：加热过程中的细化和冷却过程中的细化。下面以一个珠光体晶粒来说明晶粒细化的过程。

当加热到奥氏体区的温度时，即在一个珠光体晶粒中的渗碳体片层与铁素体片层之间的界面上形成一些奥氏体的晶核，如图5.1.1（b）所示。在随后的保温过程中，渗碳体逐渐分解，其中的碳扩散转移到铁素体中，为奥氏体的长大创造了条件。此后，奥氏体不断长大，最后形成了若干个奥氏体晶粒，如图5.1.1（f）所示。这样，通过加热过程使晶粒得到了细化。

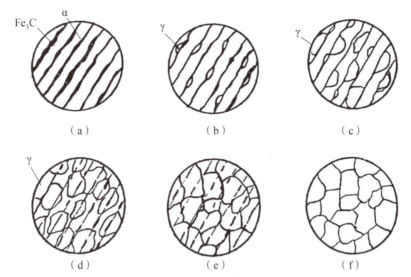

图 5.1.1　钢在加热过程中由珠光体转变为奥氏体的过程示意图

（a）珠光体；；（b）形成奥氏体核心；（c）奥氏体核心长大，渗碳体被溶解，片层变薄；
（d）奥氏体继续长大，渗碳体继续被溶解，变成断续状；（e）奥氏体晶粒长成，渗碳体仅留残迹；
（f）渗碳体完全被溶解，得到均匀的奥氏体

当加热的钢冷却到稍低于共析转变的温度时，奥氏体将重新变为珠光体。其过程是首先在一个奥氏体晶粒中生成若干个铁素体的晶核并开始长大，如图 5.1.2（a）所示。由于形成铁素体使得它的两侧部分富碳，因而促使其形成渗碳体片层，如图 5.1.2（b）所示。渗碳体片层的形成促使其临近的奥氏体部分贫碳，因而又促使在这些部位形成铁素体片层，如图 5.1.2（c）所示。这样片层相间就长成了珠光体晶粒，珠光体晶粒不断长大，直到相互接触为止，如图 5.1.2（d）所示。这样，在冷却的过程中，钢的晶粒又进一步被细化了。

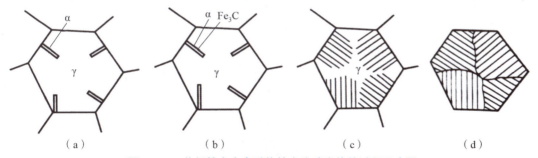

图 5.1.2　共析转变中奥氏体转变为珠光体的过程示意图

在热处理方面，冷却速度会影响晶粒的细化。冷却速度越大，过冷度越大，形核率越大，晶粒越细小。因而正火处理的钢比退火的钢在晶粒度方面更细一些，力学性能更高一些。

2. 魏氏体组织

铸态钢中有时会出现魏氏体组织，在金相显微镜下看到的这种组织的特征是铁素体呈长条状分布在晶粒内部，并常常与晶粒边界呈一定角度，如图 5.1.3 所示。铸钢中形成魏氏体

组织的倾向与钢的含碳量及铸件壁厚有关，其关系如图5.1.4所示。由图5.1.4可见，含碳量在0.20%～0.40%的钢容易形成魏氏体组织，且铸件越厚，越容易形成魏氏组织。魏氏体组织一般会使钢的力学性能降低，特别是对韧性的影响严重。

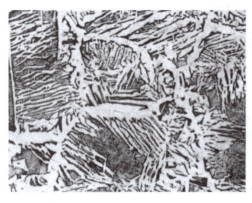

图5.1.3　低碳钢魏氏体组织

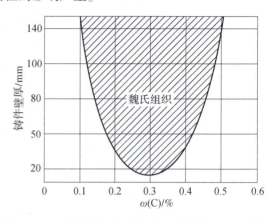

图5.1.4　铸件壁厚与含碳量对形成魏氏体组织的影响

当对钢进行退火或正火处理时，钢的晶粒显著细化，这就改变了二次结晶的原始条件，因而很少再出现魏氏体组织。此时析出来的铁素体就不再是长条状，而是颗粒状，钢的力学性能也有所提高。

3. 区域偏析

对于特别厚大的铸件，还存在横截面上其化学成分不均匀的问题。例如在特别厚大的铸件横截面上，含碳量是不均匀的，即外层含碳量较低而中心部分的含碳量较高，这是造成力学性能不均匀的原因之一。

推荐标准及资料：

（1）TB/T 2942.1—2020《机车车辆用铸钢件　第1部分：技术要求及检验》。

**TB/T 2942.1—2020《机车车辆用铸钢件
第1部分：技术要求及检验》**

（2）TB/T 2942.2—2018《机车车辆用铸钢件　第2部分：金相组织检验图谱》。

**TB/T 2942.2—2018《机车车辆用铸钢件
第2部分：金相组织检验图谱》**

任务二 铸造高锰钢的金相检验

任务书

　　某企业需检测所生产 ZG100Mn13 的显微组织以及碳化物、晶粒度和非金属夹杂物，要求利用现有设备完成试样的制备和 ZG100Mn13 的检测任务，任务工作周期 6 学时。接受任务后，可以通过图书馆、网络下载、中国大学慕课及航检公司查阅有关的资料，学习相关的知识，获取金相试样制备及 ZG100Mn13 金相检验标准等有效信息。分组设计任务的完成流程，利用实验设备进行金相试样的制备，并用金相显微镜完成 ZG100Mn13 金相检验工作，交付航检公司验收合格后撰写反思和总结报告。每次工作完成后按照实验室管理规范清理场地、归置物品，并按照环保规定处置废弃物。

任务分组

　　学生任务分配表与生产任务单见表 5.2.1 和表 5.2.2。

表 5.2.1　学生任务分配表

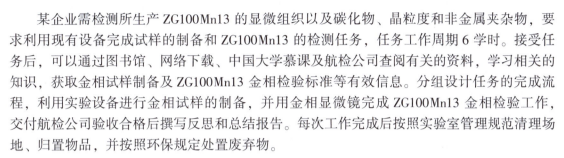

班级		组号		指导老师	
组长		学号			
组员	姓名	学号		姓名	学号
任务分工					

表 5.2.2　生产任务单

委托单位/地址		项目负责人		委托人/电话	
委托日期		要求完成日期		商定完成日期	
任务名称		课题或生产令号		样品/材料名称	
样品编号		样品状态	固体	批号	
				炉号	
工作内容及要求 （包括检测标准等）					
备注	有需要请在报告中注明铸件代号：　　　　节号：　　　袋号：				

获取资讯

引导问题1：什么是高锰钢？高锰钢经过水韧处理后的显微组织是什么？

引导问题2：ZG100Mn13 金相试样的制备过程应注意哪些事项？

引导问题3：高锰钢碳化物、非金属夹杂物检测时应如何选择视场？同一视场中有多种夹杂物时如何评定？

工作计划

引导问题 4：完成本次任务需要哪些知识内容？团队成员应怎样分工？与其他团队是否沟通实验设备的使用及实验室的清洁、维护分工工作？具体实施细则是什么？

引导问题 5：根据 ZG100Mn13 特点，选择何种腐蚀剂？如何配制腐蚀剂？试样抛光时应注意什么？

进行决策

引导问题 6：根据上述工作，合理分配实验设备使用及操作人员，见表 5.2.3。

表 5.2.3　设备使用分工表

设备序号	设备名称	数量	设备代号	使用时间	使用人
1					
2					
3					
4					
5					
6					
7					
8					

引导问题 7： 师生讨论并确定最合理的工艺流程及设备使用情况、实验室分组管理情况。

引导问题 8： 对铸造高锰钢的表面质量有何要求？

引导问题 9： 根据工艺路线和设备使用分工表，填写 ZG100Mn13 组织检测工序表，见表 5.2.4。

表 5.2.4 ZG100Mn13 组织检测工序

工序号	工序内容	设备或材料	设备或材料规格（粒度）	设备转速 / (r·min^{-1})	使用开始时间	使用结束时间
1						
2						
3						
4						
5						
6						
7						
8						
9						
10						
11						
12						

工作实施

引导问题 10：查阅相关标准，写出 ZG100Mn13 的碳化物、晶粒度和非金属夹杂物如何评级。

引导问题 17：根据检测过程和结果，完成高锰钢的金相检测报告。

引导问题 12：根据检测过程和结果，完成金相检测报告，见表 5.2.5。

表 5.2.5　金相检测报告

任务编号 Task number		客户名称 Name of customer	
样品名称 Name of sample		客户地址 Address of customer	
样品编号 Sample number		样品规格 Sample specification	
取样方法 Sampling method		样品状态 Sample status	
材料炉号 Heat number		材料的热处理制度 Heat treatment	
检验面 Inspection surface		检测部位 Detection site	
检测标准 Testing standard		检测地点 Test location	
环境条件 Environment condition		备注 Note	

报告内容 Report contents：

将评定结果填入表 1～表 3。碳化物评级附 500 倍最严重视场金相组织图片；晶粒度评级按 GB/T 6394—2017 附图；夹杂物评级附 100 倍最严重视场金相图片。

结论 Conclusion：

检测人/日期：   复核人/日期：   批准人/日期：

Tested by/Date   Reviewed by/Date   Approved by/Date

表1　碳化物级别评定结果

样品名称	马氏体等级	备注

表2　晶粒度级别评定结果

样品名称	马氏体等级	备注

表3　非金属夹杂物级别评定结果

样品名称	马氏体等级	备注

評価反馈

引导问题 13：按表 5.2.6 对金相试样的制备过程和质量，以及金相检测过程和结果进行评价，将结果填入表 5.2.7 和表 5.2.8 中（其中自评和互评各占 50%）。

表 5.2.6　金相检测全过程评分

检测材料/编号				总得分			
项目与配分	序号	评分点	配分	评分标准	自测记录	互测记录	得分
制样操作过程 （60%）	1	取样	10	违反安全全扣			
	2	镶嵌	10	违反安全全扣			
	3	粗磨	10	没有冷却扣 5 分，违反安全全扣			
	4	细磨	10	习惯差每处扣 2 分，扣完为止			
	5	抛光	10	样品飞出扣 2 分，离开不关水、电全扣			
	6	腐蚀	10	违反操作规则全扣			
制样水平 （20%）	7	划痕	10	视场中三条以上每条扣 2 分，扣完重做			
	8	显示	5	过轻或过重扣 5 分			
	9	磨面平整度	5	磨面不平全扣，没有合格视场重做			
测定方法和正确性 （10%）	10	测定方法	5	标准选错全扣，重做			
	11	正确性	5	计算错误扣 2 分，公式错误全扣			
金相显微镜的使用 （倒扣分）	12	手直接扒拉物镜镜头	−5	倒扣			
	13	湿手操作显微镜	−5	倒扣			
	14	湿样品直接置于显微镜下观察	−5	倒扣			
	15	观察过程中用手在载物台直接推动试样	−5	倒扣			
6S （10%及倒扣分）	16	是否符合6S精神	10 及倒扣	每违反一项扣 2 分，扣完可以倒扣			

表 5.2.7　活动过程评价小组自评表

班级		组名		日期	年　月　日
评价指标	评价要素			分数	分数评定
信息检索	能利用网络资源、工作手册查找有效信息，能通过与企业教师合理沟通获取有效信息；能用自己的语言有条理地去解释、表述所学知识；能将查找到的信息有效转换到工作中			10	
感知工作	是否熟悉各自的工作岗位，认同工作价值；在工作中是否获得满足感			5	
参与状态	与教师、企业员工、同学之间是否相互尊重、理解、平等；与教师、企业员工、同学之间是否能够保持多向、丰富、适宜的信息交流			15	
	探究学习，自主学习不流于形式，处理好合作学习和独立思考的关系，做到有效学习、深入探究相关标准；能提出有意义的问题或能发表个人见解；能按要求正确操作；能够倾听、协作分享			15	
学习方法	工作计划、操作技能是否符合规范要求；是否获得了进一步发展的能力			10	
工作过程	遵守实验室和企业管理规程，操作过程符合现场管理要求；平时上课的出勤情况和每天完成工作任务情况；善于多角度思考问题，能主动发现、提出有价值的问题			15	
思维状态	是否能发现问题、提出问题、分析问题、解决问题、创新问题			10	
自评反馈	按时按质完成工作任务；较好地掌握了金相分析技能；具有较强的信息分析能力和理解能力；具有较为全面、严谨的思维能力并能条理明晰地表述成文			20	
自评分数					
有益的经验和做法					
总结反思建议					

表 5.2.8　活动过程评价小组互评表

班级		被评组名		日期	年　月　日
评价指标	评价要素			分数	得分
信息检索	该组成员能否利用网络资源、工作手册查找有效信息，能否通过与企业教师合理沟通获取有效信息			10	
	该组成员能否用自己的语言有条理地去解释、表述所学知识			5	
	该组成员能否将查找到的信息有效转换到工作中			5	

班级			被评组名		日期	年　月　日
评价指标	评价要素				分数	得分
感知工作	该组成员是否熟悉自己的工作岗位，并认同工作价值				5	
	该组成员在工作中是否获得满足感				5	
参与状态	该组成员与教师、企业员工、同学之间是否相互尊重、理解、平等				5	
	该组成员与教师、企业员工、同学之间是否能够保持多向、丰富、适宜的信息交流				5	
	该组成员能否处理好合作学习和独立思考的关系，做到有效学习				5	
	该组成员能否提出有意义的问题或能发表个人见解；能按要求正确操作；能够倾听、协作分享				5	
	该组成员能否积极参与，在金相检测过程中不断学习，虚心请教企业员工，综合运用信息技术的能力能否得到提高				5	
学习方法	该组成员的工作计划、金相试样制备技能是否符合规范要求				5	
	该组成员是否获得了进一步发展的能力				5	
工作过程	该组成员是否遵守实验室和企业管理规程，且操作过程符合现场管理要求				5	
	该组成员平时上课的出勤情况和每天完成工作任务情况				5	
	该组成员是否能制备出良好的金相试样及合理选用国家标准，善于多角度思考问题，并能主动发现、提出有价值的问题				10	
思维状态	该组成员是否能发现问题、提出问题、分析问题、解决问题、创新问题				5	
自评反馈	该组成员是否能严肃认真地对待自评，并能独立完成金相检测全过程任务				10	
互评分数						
简要评述						

表 5.2.9 所示为教师评价表。

表 5.2.9　教师评价表

班级			组名		姓名	
出勤情况						
一	任务描述、接受任务	口述任务内容细节	1. 表述仪态自然、吐字清晰	3	表述仪态不自然或吐字模糊扣 1 分	
			2. 表述思路清晰，层次分明、准确		表述思路模糊或层次不清扣 2 分	

		班级		组名		姓名	
出勤情况							
二	任务分析、分组情况	依据材料和检测项目、成员特点分组、分工	根据任务情况及班级成员特点，分组、分工合理、明确	2	表述思路模糊或层次不清扣1分	
					分工不明确扣1分	
三	制订计划	试样制备流程	1. 试样制备流程完整（包括所用设备、材料、药品等）	10	漏掉工序或描述不清扣1分，扣完为止	
		标准和方法的选择	2. 准确的标准和方法	5	选错全扣	
四	计划实施	制备金相试样前准备	1. 工装穿戴整齐	5	穿戴不齐扣1分	
			2. 设备检查良好		没有检查扣1分	
			3. 准备金相砂纸		没有准备扣3分，多准备或少准备各扣1分	
			4. 配制抛光液	5	没有配制扣2分，配制浓度错误扣1分	
			5. 配制腐蚀液		没有配制或浪费扣3分，配错扣2分	
		金相试样制备	1. 正确使用设备	5	设备使用错误扣1分，扣完为止	
			2. 查阅资料，正确弥补制样缺陷	10	没有弥补每一项缺陷扣1分，扣完为止	
			3. 显微镜下金相组织质量	15	组织不清晰，划痕三条以上，试样表面不干净，酌情每项扣5分，扣完为止	
		实验室管理	1. 金相试样制备过程中6S精神	5	酌情扣分，扣完为止	
			2. 每天结束后清洁实验室，关闭水、电、门窗	10	每次不合格扣1分，扣完此项配分为止	
五	铸造高锰钢的金相检测	检测报告	能正确完成检测任务，并填写检测报告	10	检测报告有错误全扣	

班级		组名		姓名	
出勤情况					
六	总结	任务总结	1. 依据自评分数	2	
			2. 依据互评分数	3	
			3. 依据个人总结评价报告	10	依总结内容是否到位酌情给分
		合计		100	

项目的相关知识点

一、高锰钢的水韧处理

高锰钢由于铸态组织中存在着沿晶界析出的碳化物及托氏体，使钢的力学性能变差，特别是使其冲击韧性和耐磨性降低。所以必须经过水韧处理，即经 1 050～1 100 ℃加热，使碳化物全部溶入奥氏体，然后在水中急冷，防止碳化物析出，保证得到均匀单相奥氏体组织，从而使其具有强、韧结合和耐冲击的优良性能。

二、未溶碳化物评级

未溶碳化物的级别见表 5.2.10。

表 5.2.10　未溶碳化物的级别

级别代号	特征
W1	晶界、晶内平均直径小于等于 5 mm 的未溶碳化物总数为一个
W2	晶界、晶内平均直径小于等于 5 mm 的未溶碳化物总数为两个
W3	晶界、晶内平均直径小于等于 5 mm 的未溶碳化物总数为三个

三、析出碳化物评级

析出碳化物的级别见表 5.2.11。

表 5.2.11　析出碳化物的级别

级别代号	特征
X1	少量碳化物以点状沿晶界分布
X2	少量碳化物以点状及短线状沿晶界分布
X3	碳化物以细条状及颗粒状沿晶界呈断续网状分布
X4	碳化物以细条状沿晶界呈网状分布
X5	碳化物以条状沿晶界呈网状分布，且晶内有细针状析出

级别代号	特征
X6	碳化物以条状及羽毛状沿晶界两侧呈网状分布
X7	碳化物以片状及粗针状沿晶界两侧呈粗网状分布

四、过热碳化物评级

过热碳化物的级别见表 5.2.12。

表 5.2.12　过热碳化物的级别

级别代号	特征
G1	单个过热共晶碳化物沿晶界分布
G2	少量过热共晶碳化物沿晶界或晶内分布
G3	过热共晶碳化物沿晶界呈断续网状分布
G4	过热共晶碳化物沿晶界呈粗网状分布

五、铸造高锰钢

铸造高锰钢，主要成分是 $\omega(C) = 1.0 \sim 1.5\%$，$\omega(Mn) = 11 \sim 14\%$。碳可以提高钢的耐磨性，高的锰含量可以保证热处理后获得单相奥氏体组织。铸造高锰钢是靠塑性变形产生强烈的加工硬化来提高零件硬度，使零件具有高的耐磨性的。

1. 水韧处理

铸造高锰钢机械加工（压力、切削）较困难，基本上通过铸造成形，生产上常用"水韧处理"，即钢加热到 1 050 ~ 1 100 ℃，使钢中全部碳化物溶解到奥氏体中去，然后迅速淬入水中，碳化物来不及从奥氏体中析出，保持了均匀的奥氏体状态。当奥氏体受到强烈磨损和冲击时，由于塑性变化，引起了加工硬化，促使表面奥氏体转变成马氏体，使钢具有高硬度和高耐磨性。

2. 铸造高锰钢的显微组织

1）铸造高锰钢组织

高锰钢凝固时，奥氏体晶内和晶界均析出大量的碳化物。铸态高锰钢组织是以奥氏体为基体，晶内和晶界有大量的块状、条状及针状碳化物，晶界上的碳化物呈网状。典型铸造高锰钢组织如图 5.2.1 所示。

2）水韧处理的高锰钢组织

水韧处理后，理想组织是单一的奥氏体，但在工业生产条件下，有时因冷却速度不够，沿晶界析出少量的碳化物；有时因高温固溶不够，在晶内或晶界残存少量的碳化物。

铸造高锰钢零件在使用过程中，必须有剧烈冲击或较大压力时，才能显示出其高的耐磨性，不然铸造高锰钢是不能耐磨的。铸造高锰钢加工硬化后会产生滑移带，其组织如图 5.2.2 所示。

图 5.2.1　铸造高锰钢组织（奥氏体基体，晶内和晶界有大量碳化物）（×100）

图 5.2.2　高锰钢加工硬化后的组织（×100）

　　铸造高锰钢常用来制造破碎机齿板、大型球磨机衬板、挖掘机铲齿、坦克和拖拉机履带及铁轨道岔等；又由于它在受力变形时会吸收大量能量，不易被击穿，故可制造防弹装甲车板和保险箱板等。

　　推荐标准及资料：

（1）GB/T 5680—2010《奥氏体锰钢铸件》。

GB/T 5680—2010《奥氏体锰钢铸件》

（2）GB/T 13925—2010《铸造高锰钢金相》。

GB/T 13925—2010《铸造高锰钢金相》

任务三　灰铸铁金相检测

任务书

某企业需检测所生产 HT200 的显微组织，要求利用现有设备完成 HT200 试样的制备和 HT200 的检测任务，任务工作周期 6 学时。接受任务后，可以通过图书馆、网络下载、中国大学慕课及航检公司查阅有关的资料，学习相关的知识，获取金相试样制备及 HT200 金相检验标准等有效信息。分组设计任务的完成流程，利用实验设备进行金相试样的制备，并用金相显微镜完成 HT200 金相检验工作，交付企业验收合格后撰写反思和总结报告。每次工作完成后按照实验室管理规范清理场地、归置物品，并按照环保规定处置废弃物。

任务分组

学生任务分配表与生产任务单见表 5.3.1 和表 5.3.2。

表 5.3.1　学生任务分配表

班级		组号		指导老师	
组长		学号			
组员	姓名	学号	姓名		学号
任务分工					

表 5.3.2　生产任务单

委托单位/地址		项目负责人		委托人/电话	
委托日期		要求完成日期		商定完成日期	
任务名称		课题或生产令号		样品/材料名称	
样品编号		样品状态	固体	批号	
				炉号	
工作内容及要求 （包括检测标准等）					
备注	有需要请在报告中注明铸件代号：　　　　　　节号：　　　　袋号：				

获取资讯

引导问题 1：灰铸铁进行孕育处理的目的是什么？

引导问题 2：HT200 试样的制备过程应注意哪些事项？

引导问题 3：灰铸铁组织有哪几种？

引导问题4：灰铸铁中石墨形态对铸铁性能有何影响？

引导问题5：完成本次任务需要哪些知识内容？团队成员应怎样分工？与其他团队是否沟通实验设备的使用及实验室的清洁、维护分工工作？具体实施细则是什么？

引导问题6：根据上述工作，合理分配实验设备使用及操作人员，见表5.3.3。

表5.3.3 设备使用分工表

设备序号	设备名称	数量	设备代号	使用时间	使用人
1					
2					
3					
4					
5					
6					
7					
8					

引导问题7：师生讨论并确定最合理的工艺流程及设备使用情况、实验室分组管理情况。

引导问题8：根据工艺路线和设备使用分工表，填写金相检测工序表，见表5.3.4。

表5.3.4　金相检测工序

工序号	工序内容	设备或材料	设备或材料规格（粒度）	设备转速/ $(r \cdot min^{-1})$	使用开始时间	使用结束时间
1						
2						
3						
4						
5						
6						
7						
8						
9						
10						
11						
12						

工作实施

引导问题9：根据所检测的材料和所选用的检测方法，配制腐蚀剂（若使用前面任务的剩余，也在表5.3.5中说明，并注明用量、剩余量）。

表5.3.5　金相检测所用腐蚀剂

检测材料		配制人		配制腐蚀剂过程记录	
金相检测方法		用量			
腐蚀剂种类		剩余量			
腐蚀剂选择依据		剩余腐蚀剂处理			

引导问题 10：如何评定 HT200 石墨分布形状？

引导问题 11：如何对 HT200 石墨长度进行评级？

引导问题 12：查阅相关标准，写出 HT200 珠光体数量、碳化物数量如何评级。

引导问题 13：根据检测过程和结果，完成金相检测报告，见表5.3.6。

表 5.3.6　金相检测报告

任务编号 Task number		客户名称 Name of customer	
样品名称 Name of sample		客户地址 Address of customer	
样品编号 Sample number		样品规格 Sample specification	
取样方法 Sampling method		样品状态 Sample status	
材料炉号 Heat number		材料的热处理制度 Heat treatment	
检验面 Inspection surface		检测部位 Detection site	

检测标准 Testing standard		检测地点 Test location	
环境条件 Environment condition		备注 Note	

报告内容 Report contents：

评定结果填入表1～表5。每个评定项目各附至少一张国家标准要求的放大倍数的金相图片。

结论 Conclusion：

检测人／日期：　　　　　　　复核人／日期：　　　　　　　批准人／日期：

Tested by/Date　　　　　　　Reviewed by/Date　　　　　　Approved by/Date

表1　石墨分布形状评定结果

样品名称	石墨分布形状	备注

表2　石墨长度评定结果

样品名称	石墨长度级别	备注

表3　珠光体数量评定结果

样品名称	珠光体数量级别	备注

表4　碳化物数量评定结果

样品名称	碳化物数量级别	备注

表5　磷共晶数量评定结果

样品名称	磷共晶数量级别	备注

引导问题14：按表5.3.7对金相试样的制备过程和质量，以及金相检测过程和结果进行评价，将结果填入表5.3.8和表5.3.9中（其中自评和互评各占50%）。

表5.3.7　金相检测全过程评分

检测材料/编号				总得分			
项目与配分	序号	评分点	配分	评分标准	自测记录	互测记录	得分
制样操作过程（60%）	1	取样	10	违反安全全扣			
	2	镶嵌	10	违反安全全扣			
	3	粗磨	10	没有冷却扣5分，违反安全全扣			
	4	细磨	10	习惯差每处扣2分，扣完为止			
	5	抛光	10	样品飞出扣2分，离开不关水、电全扣			
	6	腐蚀	10	违反操作规则全扣			
制样水平（20%）	7	划痕	10	视场中三条以上每条扣2分，扣完重做			
	8	显示	5	过轻或过重扣5分			
	9	磨面平整度	5	磨面不平全扣，没有合格视场重做			
测定方法和正确性（10%）	10	测定方法	5	标准选错全扣，重做			
	11	正确性	5	计算错误扣2分，公式错误全扣			
金相显微镜的使用（倒扣分）	12	手直接扒拉物镜镜头	−5	倒扣			
	13	湿手操作显微镜	−5	倒扣			
	14	湿样品直接置于显微镜下观察	−5	倒扣			
	15	观察过程中用手在载物台直接推动试样	−5	倒扣			
6S（10%及倒扣分）	16	是否符合6S精神	10及倒扣	每违反一项扣2分，扣完可以倒扣			

表 5.3.8 活动过程评价小组自评表

班级		组名		日期	年 月 日
评价指标	评价要素			分数	分数评定
信息检索	能利用网络资源、工作手册查找有效信息，能通过与企业教师合理沟通获取有效信息；能用自己的语言有条理地去解释、表述所学知识；能将查找到的信息有效转换到工作中			10	
感知工作	是否熟悉各自的工作岗位，认同工作价值；在工作中是否获得满足感			5	
参与状态	与教师、企业员工、同学之间是否相互尊重、理解、平等；与教师、企业员工、同学之间是否能够保持多向、丰富、适宜的信息交流			15	
	探究学习，自主学习不流于形式，处理好合作学习和独立思考的关系，做到有效学习、深入探究相关标准；能提出有意义的问题或能发表个人见解；能按要求正确操作；能够倾听、协作分享			15	
学习方法	工作计划、操作技能是否符合规范要求；是否获得了进一步发展的能力			10	
工作过程	遵守实验室和企业管理规程，操作过程符合现场管理要求；平时上课的出勤情况和每天完成工作任务情况；善于多角度思考问题，能主动发现、提出有价值的问题			15	
思维状态	是否能发现问题、提出问题、分析问题、解决问题、创新问题			10	
自评反馈	按时按质完成工作任务；较好地掌握了金相分析技能；具有较强的信息分析能力和理解能力；具有较为全面、严谨的思维能力并能条理明晰地表述成文			20	
自评分数					
有益的经验和做法					
总结反思建议					

表 5.3.9 活动过程评价小组互评表

班级		被评组名		日期	年 月 日
评价指标	评价要素			分数	得分
信息检索	该组成员能否利用网络资源、工作手册查找有效信息，能否通过与企业教师合理沟通获取有效信息			10	
	该组成员能否用自己的语言有条理地去解释、表述所学知识			5	
	该组成员能否将查找到的信息有效转换到工作中			5	

班级		被评组名		日期	年　月　日
评价指标	评价要素			分数	得分
感知工作	该组成员是否熟悉自己的工作岗位，并认同工作价值			5	
	该组成员在工作中是否获得满足感			5	
参与状态	该组成员与教师、企业员工、同学之间是否相互尊重、理解、平等			5	
	该组成员与教师、企业员工、同学之间是否能够保持多向、丰富、适宜的信息交流			5	
	该组成员能否处理好合作学习和独立思考的关系，做到有效学习			5	
	该组成员能否提出有意义的问题或能发表个人见解；能按要求正确操作；能够倾听、协作分享			5	
	该组成员能否积极参与，在金相检测过程中不断学习，虚心请教企业员工，综合运用信息技术的能力能否得到提高			5	
学习方法	该组成员的工作计划、金相试样制备技能是否符合规范要求			5	
	该组成员是否获得了进一步发展的能力			5	
工作过程	该组成员是否遵守实验室和企业管理规程，且操作过程符合现场管理要求			5	
	该组成员平时上课的出勤情况和每天完成工作任务情况			5	
	该组成员是否能制备出良好的金相试样及合理选用国家标准，善于多角度思考问题，并能主动发现、提出有价值的问题			10	
思维状态	该组成员是否能发现问题、提出问题、分析问题、解决问题、创新问题			5	
自评反馈	该组成员是否能严肃认真地对待自评，并能独立完成金相检测全过程任务			10	
互评分数					
简要评述					

表 5.3.10 所示为教师评价表。

表 5.3.10　教师评价表

班级			组名		姓名		
出勤情况							
一	任务描述、接受任务	口述任务内容细节	1. 表述仪态自然、吐字清晰	3	表述仪态不自然或吐字模糊扣 1 分		
			2. 表述思路清晰，层次分明、准确		表述思路模糊或层次不清扣 2 分		

班级			组名		姓名	
出勤情况						
二	任务分析、分组情况	依据材料和检测项目、成员特点分组、分工	根据任务情况及班级成员特点，分组、分工合理、明确	2	表述思路模糊或层次不清扣1分	
					分工不明确扣1分	
三	制订计划	试样制备流程	1. 试样制备流程完整（包括所用设备、材料、药品等）	10	漏掉工序或描述不清扣1分，扣完为止	
		标准和方法的选择	2. 准确的标准和方法	5	选错全扣	
四	计划实施	制备金相试样前准备	1. 工装穿戴整齐	5	穿戴不齐扣1分	
			2. 设备检查良好		没有检查扣1分	
			3. 准备金相砂纸		没有准备扣3分，多准备或少准备各扣1分	
			4. 配制抛光液	5	没有配制扣2分，配制浓度错误扣1分	
			5. 配制腐蚀液		没有配制或浪费扣3分，配错扣2分	
		金相试样制备	1. 正确使用设备	5	设备使用错误扣1分，扣完为止	
			2. 查阅资料，正确弥补制样缺陷	10	没有弥补每一项缺陷扣1分，扣完为止	
			3. 显微镜下金相组织质量	15	组织不清晰、划痕三条以上、试样表面不干净，酌情每项扣5分，扣完为止	
		实验室管理	1. 金相试样制备过程中6S精神	5	酌情扣分，扣完为止	
			2. 每天结束后清洁实验室，关闭水、电、门窗	10	每次不合格扣1分，扣完此项配分为止	
五	灰铸铁的金相检测	检测报告	能正确完成检测任务，并填写检测报告	10	检测报告有错误全扣	

班级		组名		姓名	
出勤情况					
六	总结	任务总结	1. 依据自评分数	2	
			2. 依据互评分数	3	
			3. 依据个人总结评价报告	10	依总结内容是否到位酌情给分
		合计		100	

项目的相关知识点

一、石墨分布形状

石墨分布形状见表5.3.11。

表5.3.11　石墨分布形状

石墨类型	说明
A	片状石墨呈无方向性均匀分布
B	片状及细小卷曲的片状石墨聚集成菊花状分布
C	初生的粗大直片状石墨
D	细小卷曲的片状石墨在枝晶间呈无方向性分布
E	片状石墨在枝晶二次分枝间呈方向性分布
Γ	初生的星状（或蜘蛛状）石墨

二、石墨长度的分级

石墨长度的分级见表5.3.12。

表5.3.12　石墨长度的分级

级别	在放大100倍下观察，石墨长度/mm	实际石墨长度/mm
1	≥100	≥1
2	>50～100	>0.5～1
3	>25～50	>0.25～0.5
4	>12～25	>0.12～0.25
5	>6～12	>0.06～0.12
6	>3～6	>0.03～0.06
7	>1.5～3	>0.015～0.03
8	≤1.5	≤0.015

三、珠光体数量

珠光体数量见表5.3.13。

表5.3.13　珠光体数量

级别	名称	珠光体数量/%
1	珠98	≥98
2	珠95	<98~95
3	珠90	<95~85
4	珠80	<85~75
5	珠70	<75~65
6	珠60	<65~55
7	珠50	<55~45
8	珠40	<45

四、灰铸铁

灰铸铁生产工艺简单，价格低廉，是应用最广的一种铸铁，占各种铸铁总产量的80%以上。它的铸造性能、切削性能、耐磨性能和消震性能都优于其他铸铁。

1. 灰铸铁的成分、组织与性能

1）灰铸铁的成分

灰铸铁的化学成分大致为：$\omega(C) = 2.7 \sim 3.6\%$，$\omega(Si) = 1.0 \sim 2.5\%$，$\omega(Mn) = 0.5 \sim 1.3\%$，$\omega(S) \leq 0.15\%$，$\omega(P) \leq 0.3\%$。

2）灰铸铁的组织

灰铸铁是第一阶段和中间阶段石墨化过程都能充分进行时形成的铸铁，它的组织是石墨呈片状分布在金属的基体组织上。按金属基体组织的不同，灰口铸铁可分为以下三种类型。

（1）铁素体灰铸铁。

它是在铁素体的金属基体上分布着粗大的片状石墨，如图5.3.1（a）所示。此铸铁的强度、硬度最低，很少用来制造机器零件，但质软，易加工，铸造性能好，可用来制造少数要求不高的铸件或薄件，如盖、外罩、手轮、支架和重锤等。

（2）铁素体＋珠光体灰铸铁。

它是在珠光体和铁素体组成的基体上分布着片状石墨，如图5.3.1（b）所示，其石墨片稍粗大，数量也较多，因此，其强度、硬度较差，此种铸造时易控制，切削性能较好，用途广，适用于中等载荷的零件，如支柱、底座、齿轮箱、刀架、阀体等。

（3）珠光体灰铸铁。

它是在珠光体的基体上分布着细小而均匀的片状石墨，如图5.3.1（c）所示。其强度、硬度最高，主要用于制造重要机件，如床身、气缸体、气缸套、活塞、轴承座、齿轮、飞轮等。

2. 灰铸铁的孕育处理（变质处理）

为了改善灰铸铁的组织粗大和力学性能，生产中常采用孕育处理的方法。它是把作为孕

  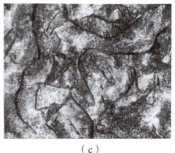
（a）　　　　　　　　　　　　（b）　　　　　　　　　　　　（c）

图 5.3.1　灰铸铁的显微组织

（a）铁素体灰铸铁；（b）铁素体 + 珠光体灰铸铁；（c）珠光体灰铸铁

育剂的硅铁或硅钙合金加入 C、Si 含量稍低的铁水中，经搅拌去渣后进行浇注，以获得大量的人工晶核，从而得到石墨片极为细小且均匀分布的珠光体灰铸铁。其强度、硬度比普通灰铸铁有显著提高。

灰铸铁孕育处理前、后组织分别如图 5.3.2 和图 5.3.3 所示。

 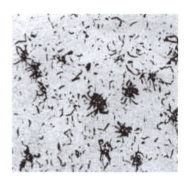

图 5.3.2　灰铸铁孕育处理前组织　　　　**图 5.3.3　灰铸铁孕育处理后组织**

孕育铸铁具有较高的强度和硬度，可用来制造力学性能要求较高的铸件，如气缸、曲轴、凸轮、机床床身等，尤其是截面尺寸变化较大的铸件。

3. 灰铸铁的热处理

热处理只能改变铸铁的基体组织，不能改变石墨的形态，因此，通过热处理来提高灰铸铁的力学性能的效果不大。热处理主要用于消除铸件的内应力、消除铸件的白口组织、稳定尺寸及提高铸件表面的硬度和耐磨性。

1）去内应力退火

形状复杂、厚薄不均的铸件在浇铸后的冷却过程中，容易产生很大的内应力。因此，对精度要求较高或大型、复杂的铸件，在切削加工之前都要进行一次去应力退火，有时甚至在粗加工之后还要进行一次。

去应力退火是将铸件缓慢加热到 500 ~ 560 ℃，保温一段时间，然后以极缓慢的速度随炉冷却至 150 ~ 200 ℃后出炉，此时铸件的内应力已基本被消除。

2）消除铸件白口、改善切削加工性的退火

铸件表面或某些薄壁处，由于冷却速度较快，很容易出现白口组织，使铸件的硬度和脆性增加，造成切削加工困难和使用时易剥落，此时须进行消除白口的退火。

消除白口的退火，一般是将铸件加热到 800 ~ 900 ℃，保温 2 ~ 5 h，使渗碳体发生分解，并使其石墨化,然后随炉冷至 400~500 ℃后出炉空冷。

3)表面淬火

表面淬火的目的是提高灰铸铁的表面硬度和耐磨性。其方法除感应加热表面淬火外,还包括接触电阻加热表面淬火。

推荐标准及资料:

GB/T 7216—2023《灰铸铁金相检验》。

GB/T 7216—2023《灰铸铁金相检验》

任务四　球墨铸铁金相检测

任务书

某企业需检测所生产 QT600-3 试样的显微组织,要求利用现有设备完成 QT600-3 试样的制备和 QT600-3 的检测任务,任务工作周期 6 学时。接受任务后,可以通过图书馆、网络下载、中国大学慕课及航检公司查阅有关的资料,学习相关的知识,获取金相试样制备及 QT600-3 金相检验标准等有效信息。分组设计任务的完成流程,利用实验设备进行金相试样的制备,并用金相显微镜完成 QT600-3 金相检验工作,交付企业验收合格后撰写反思和总结报告。每次工作完成后按照实验室管理规范清理场地、归置物品,并按照环保规定处置废弃物。

任务分组

学生任务分配表与生产任务单见表 5.4.1 和表 5.4.2。

表 5.4.1　学生任务分配表

班级		组号		指导老师	
组长		学号			
组员	姓名	学号		姓名	学号
任务分工					

表 5.4.2 生产任务单

委托单位/地址		项目负责人		委托人/电话	
委托日期		要求完成日期		商定完成日期	
任务名称		课题或生产令号		样品/材料名称	
样品编号		样品状态	固体	批号	
				炉号	
工作内容及要求 （包括检测标准等）					
备注	有需要请在报告中注明铸件代号： 节号： 袋号：				

引导问题 1：球墨铸铁是如何获得的？

引导问题 2：QT600 – 3 试样的制备过程应注意哪些事项？

引导问题 3：球墨铸铁组织有哪几种？

引导问题 4：球墨铸铁中石墨大小、分布对铸铁性能有何影响？

工作计划

引导问题 5：完成本次任务需要哪些知识内容？团队成员怎样分工？与其他团队是否沟通实验设备的使用及实验室的清洁、维护分工工作？具体实施细则是什么？

引导问题 6：根据 QT600 – 3 特点，选择何种腐蚀剂？如何配制腐蚀剂？试样抛光时应注意什么？

进行决策

引导问题 7：根据上述工作，合理分配实验设备使用及操作人员，见表 5.4.3。

表 5.4.3　设备使用分工表

设备序号	设备名称	数量	设备代号	使用时间	使用人
1					
2					
3					
4					

设备序号	设备名称	数量	设备代号	使用时间	使用人
5					
6					
7					
8					

引导问题 8：师生讨论并确定最合理的工艺流程及设备使用情况、实验室分组管理情况。

引导问题 9：根据工艺路线和设备使用分工表，填写金相检测工序表，见表 5.4.4。

表 5.4.4　金相检测工序

工序号	工序内容	设备或材料	设备或材料规格（粒度）	设备转速 $/(\mathrm{r}\cdot\mathrm{min}^{-1})$	使用开始时间	使用结束时间
1						
2						
3						
4						
5						
6						
7						
8						
9						
10						
11						
12						

**工作实施**

引导问题 10：根据所检测的材料和所选用的检测方法，配制腐蚀剂（若使用前面任务的剩余，也在表5.4.5中说明，并注明用量、剩余量）。

表 5.4.5　金相检测所用腐蚀剂

检测材料		配制人		配制腐蚀剂过程记录
金相检测方法		用量		
腐蚀剂种类		剩余量		
腐蚀剂选择依据		剩余腐蚀剂处理		

引导问题 11：如何对 QT600 – 3 进行球化分级？

引导问题 12：如何对 QT600 – 3 石墨大小进行分级？

引导问题 13：查阅相关标准，写出 QT600 – 3 珠光体数量、分散分布的铁素体数量、磷共晶数量和碳化物数量如何评级。

引导问题14：根据检测过程和结果，完成金相检测报告，见表5.4.6。

表5.4.6 金相检测报告

任务编号 Task number		客户名称 Name of customer	
样品名称 Name of sample		客户地址 Address of customer	
样品编号 Sample number		样品规格 Sample specification	
取样方法 Sampling method		样品状态 Sample status	
材料炉号 Heat number		材料的热处理制度 Heat treatment	
检验面 Inspection surface		检测部位 Detection site	
检测标准 Testing standard		检测地点 Test location	
环境条件 Environment condition		备注 Note	

报告内容 Report contents：
评定结果填入表1～表6。每个评定项目各附至少一张国家标准要求的放大倍数的金相图。
结论 Conclusion：

检测人/日期：　　　　　　复核人/日期：　　　　　　批准人/日期：
Tested by/Date　　　　　　Reviewed by/Date　　　　　　Approved by/Date

表1 球化分级评定结果

样品名称	球化分级评定结果	备注

续表

表2 石墨大小分级评定结果

样品名称	石墨大小级别	备注

表3 珠光体数量评定结果

样品名称	珠光体数量级别	备注

表4 分散分布的铁素体数量评定结果

样品名称	分散分布的铁素体数量级别	备注

表5 磷共晶数量评定结果

样品名称	磷共晶数量级别	备注

表6 碳化物数量评定结果

样品名称	碳化物数量级别	备注

引导问题 15：按表5.4.7对金相试样的制备过程和质量，以及金相检测过程和结果进行评价，将结果填入表5.4.8和表5.4.9中（其中自评和互评各占50%）。

表5.4.7　金相检测全过程评分

检测材料/编号				总得分			
项目与配分	序号	评分点	配分	评分标准	自测记录	互测记录	得分
制样操作过程 （60%）	1	取样	10	违反安全全扣			
	2	镶嵌	10	违反安全全扣			
	3	粗磨	10	没有冷却扣5分，违反安全全扣			
	4	细磨	10	习惯差每处扣2分，扣完为止			
	5	抛光	10	样品飞出扣2分，离开不关水、电全扣			
	6	腐蚀	10	违反操作规则全扣			
制样水平 （20%）	7	划痕	10	视场中三条以上每条扣2分，扣完重做			
	8	显示	5	过轻或过重扣5分			
	9	磨面平整度	5	磨面不平全扣，没有合格视场重做			
测定方法和正确性 （10%）	10	测定方法	5	标准选错全扣，重做			
	11	正确性	5	计算错误扣2分，公式错误全扣			
金相显微镜的使用 （倒扣分）	12	手直接扒拉物镜镜头	−5	倒扣			
	13	湿手操作显微镜	−5	倒扣			
	14	湿样品直接置于显微镜下观察	−5	倒扣			
	15	观察过程中用手在载物台直接推动试样	−5	倒扣			
6S （10%及倒扣分）	16	是否符合6S精神	10及倒扣	每违反一项扣2分，扣完可以倒扣			

表 5.4.8 活动过程评价小组自评表

班级		组名		日期	年　月　日
评价指标	评价要素			分数	分数评定
信息检索	能利用网络资源、工作手册查找有效信息，能通过与企业教师合理沟通获取有效信息；能用自己的语言有条理地去解释、表述所学知识；能将查找到的信息有效转换到工作中			10	
感知工作	是否熟悉各自的工作岗位，认同工作价值；在工作中是否获得满足感			5	
参与状态	与教师、企业员工、同学之间是否相互尊重、理解、平等；与教师、企业员工、同学之间是否能够保持多向、丰富、适宜的信息交流			15	
	探究学习，自主学习不流于形式，处理好合作学习和独立思考的关系，做到有效学习、深入探究相关标准；能提出有意义的问题或能发表个人见解；能按要求正确操作；能够倾听、协作分享			15	
学习方法	工作计划、操作技能是否符合规范要求；是否获得了进一步发展的能力			10	
工作过程	遵守实验室和企业管理规程，操作过程符合现场管理要求；平时上课的出勤情况和每天完成工作任务情况；善于多角度思考问题，能主动发现、提出有价值的问题			15	
思维状态	是否能发现问题、提出问题、分析问题、解决问题、创新问题			10	
自评反馈	按时按质完成工作任务；较好地掌握了金相分析技能；具有较强的信息分析能力和理解能力；具有较为全面、严谨的思维能力并能条理明晰地表述成文			20	
自评分数					
有益的经验和做法					
总结反思建议					

表 5.4.9 活动过程评价小组互评表

班级		被评组名		日期	年　月　日
评价指标	评价要素			分数	得分
信息检索	该组成员能否利用网络资源、工作手册查找有效信息，能否通过与企业教师合理沟通获取有效信息			10	
	该组成员能否用自己的语言有条理地去解释、表述所学知识			5	
	该组成员能否将查找到的信息有效转换到工作中			5	

班级		被评组名		日期	年 月 日
评价指标	评价要素			分数	得分
感知工作	该组成员是否熟悉自己的工作岗位，并认同工作价值			5	
	该组成员在工作中是否获得满足感			5	
参与状态	该组成员与教师、企业员工、同学之间是否相互尊重、理解、平等			5	
	该组成员与教师、企业员工、同学之间是否能够保持多向、丰富、适宜的信息交流			5	
	该组成员能否处理好合作学习和独立思考的关系，做到有效学习			5	
	该组成员能否提出有意义的问题或能发表个人见解；能按要求正确操作；能够倾听、协作分享			5	
	该组成员能否积极参与，在金相检测过程中不断学习，虚心请教企业员工，综合运用信息技术的能力能否得到提高			5	
学习方法	该组成员的工作计划、金相试样制备技能是否符合规范要求			5	
	该组成员是否获得了进一步发展的能力			5	
工作过程	该组成员是否遵守实验室和企业管理规程，且操作过程符合现场管理要求			5	
	该组成员平时上课的出勤情况和每天完成工作任务情况			5	
	该组成员是否能制备出良好的金相试样及合理选用国家标准，善于多角度思考问题，并能主动发现、提出有价值的问题			10	
思维状态	该组成员是否能发现问题、提出问题、分析问题、解决问题、创新问题			5	
自评反馈	该组成员是否能严肃认真地对待自评，并能独立完成金相检测全过程任务			10	
互评分数					
简要评述					

表 5.4.10 所示为教师评价表。

表 5.4.10　教师评价表

班级			组名		姓名	
出勤情况						
一	任务描述、接受任务	口述任务内容细节	1. 表述仪态自然、吐字清晰	3	表述仪态不自然或吐字模糊扣 1 分	
			2. 表述思路清晰，层次分明、准确		表述思路模糊或层次不清扣 2 分	

班级				组名			姓名	
出勤情况								
二	任务分析、分组情况	依据材料和检测项目、成员特点分组、分工	根据任务情况及班级成员特点，分组、分工合理、明确	2		表述思路模糊或层次不清扣 1 分		
						分工不明确扣 1 分		
三	制订计划	试样制备流程	1. 试样制备流程完整（包括所用设备、材料、药品等）	10		漏掉工序或描述不清扣 1 分，扣完为止		
		标准和方法的选择	2. 准确的标准和方法	5		选错全扣		
四	计划实施	制备金相试样前准备	1. 工装穿戴整齐	5		穿戴不齐扣 1 分		
			2. 设备检查良好			没有检查扣 1 分		
			3. 准备金相砂纸			没有准备扣 3 分，多准备或少准备各扣 1 分		
			4. 配制抛光液	5		没有配制扣 2 分，配制浓度错误扣 1 分		
			5. 配制腐蚀液			没有配制或浪费扣 3 分，配错扣 2 分		
		金相试样制备	1. 正确使用设备	5		设备使用错扣 1 分，扣完为止		
			2. 查阅资料，正确弥补制样缺陷	10		没有弥补每一项缺陷扣 1 分，扣完为止		
			3. 显微镜下金相组织质量	15		组织不清晰，划痕三条以上，试样表面不干净，酌情每项扣 5 分，扣完为止		
		实验室管理	1. 金相试样制备过程中 6S 精神	5		酌情扣分，扣完为止		
			2. 每天结束后清洁实验室，关闭水、电、门窗	10		每次不合格扣 1 分，扣完此项配分为止		
五	球墨铸铁的检测	检测报告	能正确完成检测任务，并填写检测报告	10		检测报告有错误全扣		

班级			组名		姓名	
出勤情况						
六	总结	任务总结	1. 依据自评分数	2		
			2. 依据互评分数	3		
			3. 依据个人总结评价报告	10	依总结内容是否到位酌情给分	
		合计		100		

项目的相关知识点

一、球化分级

根据国家标准 GB/T 9441—2009 中附录 A，石墨为球状（Ⅵ型）和团状（Ⅴ型），以石墨个数所占石墨总数的百分比作为球化率，将球化率分为六级，见表 5.4.11，具体见标准 GB/T 9441—2009 附录 A 中图 1～图 6。在抛光态下检验石墨的球化分级，放大倍数为 100 倍，首先观察整个受检面，选三个球化差的视场对照评级图目视评定，视场内的石墨数一般不少于 20 颗。

表 5.4.11　球化分级

球化级别	球化率%	图号（标准 GB/T 9441—2009）	球化级别	球化率%	图号（标准 GB/T 9441—2009）
1 级	≥95	图 1	4 级	70	图 4
2 级	90	图 2	5 级	60	图 5
3 级	80	图 3	6 级	50	图 6

二、石墨大小分级

抛光态下检验石墨大小，放大倍数为 100 倍。首先观察整个受检面，选取有代表性视场，计算直径大于最大石墨球半径的石墨球直径的平均值，石墨大小分为 6 级，对照标准 GB/T 9441—2009 附录 A 中相应的评级图（图 7～图 12）评定。若石墨大小为 6～8 级，则可使用 200× 或 500× 放大倍数。石墨大小分级见表 5.4.12。

三、珠光体数量分级

抛光后的球墨铸铁试样经 2%～5% 硝酸酒精溶液侵蚀后，检验珠光体相对数量（铁素体＋珠光体＝100%），放大倍数为 100 倍。选取有代表性的视场对照相应的评级图评定。珠光体数量按石墨大小分列 A、B 两组图片，见表 5.4.13 和标准 GB/T 9441—2009 附录 A 中图 13～图 24。

表 5.4.12　石墨大小分级

级别	在 100×下观察，石墨长度/mm	实际石墨长度/mm	图号（标准 GB/T 9441—2009）
3	>25 ~ 50	>0.25 ~ 0.5	7
4	>12 ~ 25	>0.12 ~ 0.25	8
5	>6 ~ 12	>0.06 ~ 0.12	9
6	>3 ~ 6	>0.03 ~ 0.06	10
7	>1.5 ~ 3	>0.015 ~ 0.03	11
8	≤1.5	≤0.015	12

表 5.4.13　珠光体数量分级

级别名称	珠光体数量/%	图号（标准 GB/T 9441—2009）	级别名称	珠光体数量/%	图号（标准 GB/T 9441—2009）
珠 95	>90	13A、13B	珠 35	>30 ~ 40	19A、19B
珠 85	>80 ~ 90	14A、14B	珠 25	≈25	20A、20B
珠 75	>70 ~ 80	15A、15B	珠 20	≈20	21A、21B
珠 65	>60 ~ 70	16A、16B	珠 15	≈15	22A、22B
珠 55	>50 ~ 60	17A、17B	珠 10	≈10	23A、23B
珠 45	>40 ~ 50	18A、18B	珠 5	≈5	24A、24B

四、球墨铸铁

球墨铸铁是 20 世纪 50 年代发展起来的一种高强度铸铁材料，其综合性能接近于钢，目前已成功地用于铸造一些受力复杂，强度、韧性、耐磨性要求较高的零件。球墨铸铁已迅速发展为仅次于灰铸铁的、应用十分广泛的铸铁材料。所谓"以铁代钢"，主要是指球墨铸铁。

球墨铸铁是在浇注前，向一定成分的铁液中加入适量使石墨球化的球化剂（纯镁或稀土硅铁镁合金）和促进石墨化的孕育剂（硅铁），获得具有球状石墨的铸铁，有效地提高了铸铁的力学性能，特别是提高了塑性和韧性，还得到比碳钢还高的强度。因此，在铸铁中，球墨铸铁具有最高的力学性能。

1. 球墨铸铁的成分、组织和性能

1）成分

球墨铸铁与灰口铸铁相比，C、Si 含量较高，而 Mn 含量较低，对 S、P 的限制较严。其化学成分一般为：$\omega(C) = 3.6 \sim 4.0\%$，$\omega(Si) = 2.0 \sim 3.2\%$，$\omega(Mn) = 0.6 \sim 0.8\%$，$\omega(P) < 0.1\%$，$\omega(S) < 0.07\%$，$\omega(Mg) = 0.03 \sim 0.07\%$（此为无稀土元素时），当有稀土元素存在时，则 Mg 可低些。

2）组织

如图 5.4.1 所示，根据基体组织的不同，常用的球墨铸铁分为四种类型：铁素体球墨铸铁、铁素体 + 珠光体球墨铸铁、珠光体球墨铸铁和贝氏体球墨铸铁。

3）性能

球墨铸铁良好的力学性能与其组织特点是分不开的，在球墨铸铁中，石墨结晶成球状，

对基体的割裂作用大为减小；基体强度的利用率达 70%~90%；抗拉强度不仅高于灰铸铁，甚至还高于碳钢；屈强比为 0.7~0.8，比钢高 40% 左右；塑性、韧性比灰铸铁大大提高，但却低于钢。

球墨铸铁同样也具有灰铸铁的一系列优点，如良好的铸造性能、减摩性、切削加工性等。甚至在某些性能方面可与锻钢相媲美，如疲劳强度大致与中碳钢相似、耐磨性优于表面淬火钢等。它可代替部分钢制作较重要的零件，具有较大的经济效益。

球墨铸铁中的石墨球越小、越分散，球墨铸铁的强度、塑性、韧性越好，反之越差。

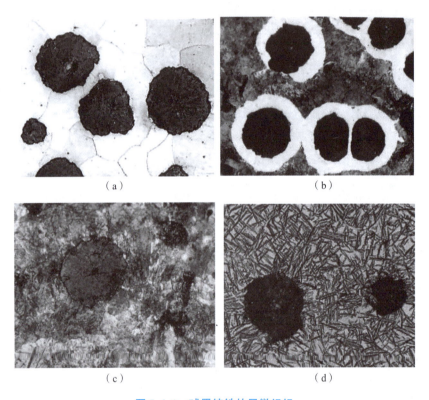

（a）　　　　　　　　　　　　　　　（b）

（c）　　　　　　　　　　　　　　　（d）

图 5.4.1　球墨铸铁的显微组织

（a）铁素体球墨铸铁；（b）铁素体 + 珠光体球墨铸铁；（c）珠光体球墨铸铁；（d）贝氏体球墨铸铁

2. 球墨铸铁的热处理

由于球墨铸铁基体组织与钢相同，且球墨铸铁石墨又不易引起应力集中，因此它具有较好的热处理工艺性能。凡是钢可以采用的热处理，在理论上对球墨铸铁都适用。常用的热处理方法有以下几种。

1）退火

（1）去应力退火。

去应力退火的目的是消除铸造内应力，即将铸件缓慢加热到 500~620 ℃，保温 2~8 h，然后随炉缓冷。

（2）石墨化退火。

石墨化退火的目的是消除白口组织，降低硬度，改善切削加工性，以获得高塑性、韧性的铁素体球墨铸铁。根据铸铁的铸造组织不同，可以采用高温石墨化退火或低温石墨化退火。

①高温石墨化退火。

当铸态组织中有自由渗碳体时，为了消除白口组织，通常将铸件缓慢加热到900～950 ℃，保温2～4 h，然后随炉缓冷至600 ℃，空冷。

②低温石墨化退火。

当铸态组织为珠光体+铁素体时，为了获得塑性、韧性较高的铁素体球墨铸铁，常将铸件缓慢加热到720～760 ℃，保温2～8 h，然后随炉缓冷至600 ℃，空冷。

2）正火

正火的目的是增加基体组织中珠光体的含量，并使其细化，提高铸铁的强度、硬度和耐磨性。根据加热温度，正火又可分为高温正火（P基体）和低温正火（P+F基体）。如发动机的缸套、滑座和轴套等铸件均要进行正火。

3）等温淬火

球墨铸铁虽广泛采用正火，但当铸件形状复杂，且又需要高的强度和较好的塑性与韧性时，正火已很难满足技术要求，而往往采用等温淬火。

球墨铸铁等温淬火时将铸件加热至860～920 ℃，保温一定时间，迅速放入温度为250～350 ℃的等温盐浴中进行0.5～1.5 h的等温处理，然后空冷。

等温淬火后可获得良好的综合力学性能，一般用于截面不大的零件，例如受力复杂的齿轮、凸轮轴等。

4）调质处理

对于要求综合力学性能较高的球墨铸铁连杆、曲轴等，可以采用调质处理，以获得高的强度和硬度，但是都只适宜于小件，如果铸体尺寸大，则内部淬不透。

推荐标准及资料：

GB/T 9441—2009《球墨铸铁金相检验》。

GB/T 9441—2009《球墨铸铁金相检验》

金相小故事

高锰钢（Hadfield Steel）是指含锰量在10%以上的合金钢，是以现代合金钢的奠基人、英国科学家Hadfield的姓氏命名的。

与Sorby（索氏）一样，Hadfield也是出生在英国Sheffield的一个钢铁世家中，Hadfield年轻时就沉静、好学，他有一个由父亲出资资助的实验室，从实践中学到很多知识，可以说是自学成才。作为一个伟大的发明家，Hadfield的可贵之处就在于坚持从失败中吸收教益，具有百折不挠的韧性。Hadfield在1882年9月发明了高锰耐磨钢（又称Hadfield高锰钢），在1884年发明了制作硅钢片的硅钢。这两种有奇异性能的新钢种的出现，为人类进入合金钢时代揭开了序幕。

Hadfield在1882年试制成功的高锰耐磨钢的成分是：$\omega(C)=1.35\%$，$\omega(Si)=0.69\%$，$\omega(Mn)=12.76\%$。它的特点是在淬火后不但不是硬而脆，反而有良好的韧性，而且是越磨越硬。这些反常现象在冶金界产生很大的震动，Hadfield 也因此一举成名。

但是，Hadfield 的事业也不是一帆风顺的，他在理论与实践两方面都遇到过一些困难。为了在理论上解释这些反常现象，Hadfield 向当时的金相学名流请教。Sorby 用当时放大倍数最高（650 倍）的显微镜进行了观察，并没有发现什么能解释这种反常现象的新的显微组织。这是不足为奇的，因为 Sorby 不是冶金学家。Osmond 通过研究不但肯定了高锰钢的基体是非铁磁性的 γ 固溶体，还提出了摩擦产生表面硬化的可能性。

Hadfield 在生产实际上遇到的困难是，这种钢只能铸造，不能加工，一时找不到用处，就在这时他父亲逝世了，他继承父业，花了十年工夫才在 1892 年为这种钢找到了第一个用途——电车轨道的道岔。在这之后，高锰耐磨钢得到了日益广泛的应用，并且经久不衰，即使在今天广泛使用的高锰耐磨钢的成分仍然和一百年前一样，这也是合金钢史上少见的。

Osmond 对高锰耐磨钢的发明给予了很高的评价，他认为"不仅是发明了一种有伟大科学意义和实用价值的新合金，而且在钢铁冶金史上可与钢的淬火有同等重要意义"。

项目六　渗层、表面淬火层金相检验

项目描述

　　本项目属于高级阶段，共有三个检测任务。要求完成渗碳层、渗氮层、表面淬火等金相检测工作，熟悉金相检测的方法，熟悉渗碳、渗氮、表面淬火典型金属的种类、用途，以及相关金相组织特点和相关力学性能特点。本项目的三个任务考察了同学们对金相检测方法的使用，也考察了大家对渗碳层金属相关知识的掌握程度。本项目建议 16 个学时完成。

学习目标

1. 知识目标

（1）认识常用表面处理金属以及相应金相试样的制备方法。

（2）具备合理安排金相检测工艺流程的能力。

（3）能够按要求正确检测出显微组织、表面硬化层和其他金相检验。

2. 能力目标

（1）识读任务书，能快速、准确地明确任务要求。

（2）正确操作砂轮切割机、砂轮机、抛光机和金相显微镜。

（3）正确磨制试样。

（4）正确配制金相试样腐蚀剂。

（5）能够选择完成任务所需要的方法，并进行时间和工作场所安排。

（6）讨论分析试样制备缺陷造成的原因及应采取的解决方法。

（7）总结在组织的检测中获得的经验和不足之处。

（8）查阅并掌握相关表面处理金属的金相检测标准并根据标准进行金相检测。

3. 素养目标

（1）进一步提升学生的决策力和组织能力。

（2）训练信息搜集、整理、提炼能力及集体协作能力。

（3）进一步提升职业素养。

（4）进一步注重培养工匠精神和劳模精神。

任务书

　　某企业需检测渗碳层零件，零件材料为 20CrMnTi，检测周期为 12 学时。接受任务后，可以通过图书馆、网络下载、中国大学慕课、学银在线课程及校企合作企业查阅有关的资料，学习相关的知识，获取渗碳层试样的取样、制备、腐蚀剂选用，以及金相组织如马氏体、残余奥氏体、碳化物和非渗碳层的检验等有效信息。按工艺流程卡，对金相试样进行制样和组织观察及评价，填写原始记录及检测报告。工作完成后按照现场管理规范清理场地、归置物品、资料归档，并按照环保规定处置废弃物。

任务分组

　　完成任务分组，填写生产任务单，见表 6.1.1 和表 6.1.2。

表 6.1.1　学生任务分配表

班级		组号		指导老师	
组长		学号			
组员	姓名	学号		姓名	学号
任务分工					

表 6.1.2　生产任务单

委托单位/地址		项目负责人		委托人/电话	
委托日期		要求完成日期		商定完成日期	
任务名称		课题或生产令号		样品/材料名称	
样品编号		样品状态	固体	批号	
				炉号	
工作内容及要求 （包括检测标准等）	检测标准： 检测方向： 试样检测面尺寸：				
备注	相对应的标准见本任务的推荐标准及资料				

获取资讯

引导问题 1：本任务检测的零件材料是什么？渗碳钢种有哪些？列举渗碳用钢，并简述 1~2 种典型渗碳钢的性能特点。

引导问题 2：涉及渗碳钢金相检验的标准有哪些？查阅并列举。

引导问题 3：本任务取样的部位、制备金相试样的尺寸是什么？

小提示 ☁

渗碳原理

低碳钢及低碳合金钢加热至高温时，基体组织转变为单相的奥氏体组织。奥氏体属于面心立方晶格，它有足够的空隙，可以溶解较多的活性碳原子，使钢材吸收碳的能力增加，这是低碳钢及低碳合金钢为什么在高温下能够渗碳的基本原理。渗碳处理的过程包括分解、吸收、扩散三个基本阶段。

（1）分解活性碳原子的阶段。渗碳剂，如煤油、苯系、甲醇、丙酮、天然气、煤气等，在热处理炉中加热至一定的高温范围内即分解产生 CO、C_nH_{2n+2}、C_nH_{2n} 等渗碳气体，在高温情况下与钢表面直接接触，分解出活性很强的碳原子，被钢的表面所吸收。

（2）吸收阶段。当低碳钢和低碳合金钢在高温下成为单一奥氏体组织时，大量活性碳原子就会渗入到奥氏体中，炉内的碳势和炉温的高低可以决定活性碳原子的供应和扩散能力，从而决定渗碳速度的快慢。

（3）扩散阶段。当活性碳原子被钢的表面吸收后，其表面形成高碳层，使表面和心部形成碳浓度的差异，并促使碳原子由高碳区向低碳区扩散，就这样在表面不断吸收活性碳原子的同时又不断地向心部扩散，达到一定的时间，即可使渗碳工件表面形成具有一定深度和梯度的渗碳层。所以，在渗碳过程中，渗碳剂的分解速度应大于吸收活性碳原子的速度，吸收活性碳原子的速度又应大于扩散速度，这才是完整的渗碳过程，才能使渗碳层形成由高碳到低碳的正常梯度。

工作计划 🌐

引导问题 5：团队成员怎样分工？与其他团队是否沟通实验设备的使用及实验室的清洁、维护分工工作？具体实施细则是什么？

引导问题 6：叙述磨光、抛光、腐蚀方法，包括选用砂纸、抛光布及腐蚀剂等。

> 　　

引导问题7：本任务需要进行哪些金相检验？对客户要求的任务一一叙述。

> 　　

进行决策

　　引导问题8：根据上述工作，合理分配实验设备使用及操作人员，见表6.1.3。

表6.1.3　设备使用分工表

设备序号	设备名称	数量	设备代号	使用时间	使用人
1					
2					
3					
4					
5					
6					
7					
8					

　　引导问题9：师生讨论并确定最合理的工艺流程及设备使用情况、实验室分组管理情况。

>

工作实施

引导问题 **10**：根据本任务需要，填写表 6.1.4。

表 6.1.4　检测任务及处理方法

检测任务 1	表面碳含量	热处理方法：
	是否检测（　　）	检验方法： 注意事项：
检测任务 2	表层金相组织	正常组织：
	是否检测（　　）	合格判定：
检测任务 3	表层碳化物	正常组织：
	是否检测（　　）	合格判定：
检测任务 4	非渗层组织（心部）	正常组织：
	是否检测（　　）	合格判定：
检测任务 5	计算渗碳层厚度	方法：

金相法计算渗碳层深度

（1）过共析层、共析层以及亚共析过渡层三个区域之和为渗碳层深度，其渗碳层总深度，其从最表面一直测量到与心部原始组织交界处为止。为了确保工件有足够深的高碳区域，同时防止过渡陡度太小的缺点，另外附加一条规定，即过共析层、共析层之和不得小于总渗碳层深度的50%～75%，以确保工件在淬火后表层有高强度和高耐磨层。

（2）过共析层、共析层以及二分之一亚共析过渡层之和为渗碳层深度。这种测定方法对低碳钢应用普遍，由于低碳钢的末端淬透性低于低合金钢，故二分之一亚共析过渡层的计算方法在工厂企业应用极为广泛，也是比较符合实际应用要求的。

（3）过共析层、共析层两者之和作为渗碳层深度。这种计算方法不太合理，特别是较宽的亚共析区域在淬火后能有相当高的硬度和强度。但这种计算方法在金相测量上最为方便，并且误差也较小。

（4）一般在工件实物抽查中或工件在渗碳直接淬火回火后，采用的测量渗碳层深度的方法是由表面高碳马氏体测至半马氏体（50%马氏体）区域为止或测至中碳马氏体结束处。这种方法并非渗碳层的真实深度，因为对渗碳层中碳浓度的变化不是很清楚，而且淬硬层的深度还会受到淬火温度高低的影响。

上述几种测定渗碳层深度的方法，是需要工件制造方与热处理方协议决定的。目前还有其他的方法，如用低倍简单显微镜辨别颜色来判断渗碳淬火、回火后渗碳层的深度，也有应用实物断口宏观检查渗碳层深度的。总之，渗碳层的测定方法是根据生产工艺及工件制造方与热处理方协商来决定的。

引导问题11： 渗碳层金相试样是否镶嵌？有什么注意事项？使用抛光机有哪些注意事项？

引导问题12： 根据所检测的材料和所选用的检测方法，配制腐蚀剂（若使用前面任务的剩余，也在表6.1.5中说明，并注明用量、剩余量）。

表6.1.5　金相检测所用腐蚀剂

检测材料		配制人		配制腐蚀剂过程记录	
金相检测方法		用量			
腐蚀剂种类		剩余量			
腐蚀剂选择依据		剩余腐蚀剂处理			

引导问题 13：根据检测过程和结果，请完成金相检测报告，见表 6.1.6。

表 6.1.6 金相检测报告

任务编号 Task number		客户名称 Name of customer	
样品名称 Name of sample		客户地址 Address of customer	
样品编号 Sample number		样品规格 Sample specification	
取样方法 Sampling method		样品状态 Sample status	
材料炉号 Heat number		材料的热处理制度 Heat treatment	
检验面 Inspection surface		检测部位 Detection site	
检测标准 Testing standard		检测地点 Test location	
环境条件 Environment condition		备注 Note	

报告内容 Report contents：

评定结果附相应的显微组织形貌图。

结论 Conclusion：

检测人/日期：　　　　　　　复核人/日期：　　　　　　　批准人/日期：

Tested by/Date　　　　　　　Reviewed by/Date　　　　　　Approved by/Date

引导问题 14：按表 6.1.7 对金相试样的制备过程和质量，以及金相检测过程和结果进行评价，将结果填入表 6.1.8 和表 6.1.9 中（其中自评和互评各占 50%）。

表 6.1.7　金相检测全过程评分

检测材料/编号				总得分			
项目与配分	序号	评分点	配分	评分标准	自测记录	互测记录	得分
制样操作过程（60%）	1	取样	10	违反安全全扣			
	2	镶嵌	10	违反安全全扣			
	3	粗磨	10	没有冷却扣 5 分，违反安全全扣			
	4	细磨	10	习惯差每处扣 2 分，扣完为止			
	5	抛光	10	样品飞出扣 2 分，离开不关水、电全扣			
	6	腐蚀	10	违反操作规则全扣			
制样水平（20%）	7	划痕	10	视场中三条以上每条扣 2 分，扣完重做			
	8	显示	5	过轻或过重扣 5 分			
	9	磨面平整度	5	磨面不平全扣，没有合格视场重做			
测定方法和正确性（10%）	10	测定方法	5	标准选错全扣，重做			
	11	正确性	5	计算错误扣 2 分，公式错误全扣			
金相显微镜的使用（倒扣分）	12	手直接扒拉物镜镜头	−5	倒扣			
	13	湿手操作显微镜	−5	倒扣			
	14	湿样品直接置于显微镜下观察	−5	倒扣			
	15	观察过程中用手在载物台直接推动试样	−5	倒扣			
6S（10%及倒扣分）	16	是否符合 6S 精神	10 及倒扣	每违反一项扣 2 分，扣完可以倒扣			

表 6.1.8　活 动 过 程 评 价 小 组 自 评 表

班级		组名		日期	年　月　日
评价指标	评价要素			分数	分数评定
信息检索	能利用网络资源、工作手册查找有效信息，能通过与企业教师合理沟通获取有效信息；能用自己的语言有条理地去解释、表述所学知识；能将查找到的信息有效转换到工作中			10	
感知工作	是否熟悉各自的工作岗位，认同工作价值；在工作中是否获得满足感			5	
参与状态	与教师、企业员工、同学之间是否相互尊重、理解、平等；与教师、企业员工、同学之间是否能够保持多向、丰富、适宜的信息交流			15	
	探究学习，自主学习不流于形式，处理好合作学习和独立思考的关系，做到有效学习、深入探究相关标准；能提出有意义的问题或能发表个人见解；能按要求正确操作；能够倾听、协作分享			15	
学习方法	工作计划、操作技能是否符合规范要求；是否获得了进一步发展的能力			10	
工作过程	遵守实验室和企业管理规程，操作过程符合现场管理要求；平时上课的出勤情况和每天完成工作任务情况；善于多角度思考问题，能主动发现、提出有价值的问题			15	
思维状态	是否能发现问题、提出问题、分析问题、解决问题、创新问题			10	
自评反馈	按时按质完成工作任务；较好地掌握了金相分析技能；具有较强的信息分析能力和理解能力；具有较为全面、严谨的思维能力并能条理明晰地表述成文			20	
自评分数					
有益的经验和做法					
总结反思建议					

表 6.1.9　活 动 过 程 评 价 小 组 互 评 表

班级		被评组名		日期	年　月　日
评价指标	评价要素			分数	得分
信息检索	该组成员能否利用网络资源、工作手册查找有效信息，能否通过与企业教师合理沟通获取有效信息			10	
	该组成员能否用自己的语言有条理地去解释、表述所学知识			5	
	该组成员能否将查找到的信息有效转换到工作中			5	

班级		被评组名		日期	年 月 日
评价指标	评价要素			分数	得分
感知工作	该组成员是否熟悉自己的工作岗位，并认同工作价值			5	
	该组成员在工作中是否获得满足感			5	
参与状态	该组成员与教师、企业员工、同学之间是否相互尊重、理解、平等			5	
	该组成员与教师、企业员工、同学之间是否能够保持多向、丰富、适宜的信息交流			5	
	该组成员能否处理好合作学习和独立思考的关系，做到有效学习			5	
	该组成员能否提出有意义的问题或能发表个人见解；能按要求正确操作；能够倾听、协作分享			5	
	该组成员能否积极参与，在金相检测过程中不断学习，虚心请教企业员工，综合运用信息技术的能力能否得到提高			5	
学习方法	该组成员的工作计划、金相试样制备技能是否符合规范要求			5	
	该组成员是否获得了进一步发展的能力			5	
工作过程	该组成员是否遵守实验室和企业管理规程，且操作过程符合现场管理要求			5	
	该组成员平时上课的出勤情况和每天完成工作任务情况			5	
	该组成员是否能制备出良好的金相试样及合理选用国家标准，善于多角度思考问题，并能主动发现、提出有价值的问题			10	
思维状态	该组成员是否能发现问题、提出问题、分析问题、解决问题、创新问题			5	
自评反馈	该组成员是否能严肃认真地对待自评，并能独立完成金相检测全过程任务			10	
互评分数					
简要评述					

表 6.1.10 所示为教师评价表。

表 6.1.10 教师评价表

班级			组名		姓名	
出勤情况						
一	任务描述、接受任务	口述任务内容细节	1. 表述仪态自然、吐字清晰	3	表述仪态不自然或吐字模糊扣 1 分	
			2. 表述思路清晰，层次分明、准确		表述思路模糊或层次不清扣 2 分	

班级			组名		姓名	
出勤情况						
二	任务分析、分组情况	依据材料和检测项目、成员特点分组、分工	根据任务情况及班级成员特点，分组、分工合理、明确	2	表述思路模糊或层次不清扣1分 分工不明确扣1分	
三	制订计划	试样制备流程	1. 试样制备流程完整（包括所用设备、材料、药品等）	10	漏掉工序或描述不清扣1分，扣完为止	
		标准和方法的选择	2. 准确的标准和方法	5	选错全扣	
四	计划实施	制备金相试样前准备	1. 工装穿戴整齐	5	穿戴不齐扣1分	
			2. 设备检查良好		没有检查扣1分	
			3. 准备金相砂纸		没有准备扣3分，多准备或少准备各扣1分	
			4. 配制抛光液	5	没有配制扣2分，配制浓度错误扣1分	
			5. 配制腐蚀液		没有配制或浪费扣3分，配错扣2分	
		金相试样制备	1. 正确使用设备	5	设备使用错误扣1分，扣完为止	
			2. 查阅资料，正确弥补制样缺陷	10	没有弥补每一项缺陷扣1分，扣完为止	
			3. 显微镜下金相组织质量	15	组织不清晰，划痕三条以上，试样表面不干净，酌情每项扣5分，扣完为止	
		实验室管理	1. 金相试样制备过程中6S精神	5	酌情扣分，扣完为止	
			2. 每天结束后清洁实验室，关闭水、电、门窗	10	每次不合格扣1分，扣完此项配分为止	
五	渗碳层的金相检测	检测报告	能正确完成检测任务，并填写检测报告	10	检测报告有错误全扣	

班级			组名		姓名		
出勤情况							
六	总结	任务总结	1. 依据自评分数	2			
			2. 依据互评分数	3			
			3. 依据个人总结评价报告	10	依总结内容是否到位酌情给分		
		合计		100			

项目的相关知识点

一、渗碳层的显微组织

低碳钢和低碳合金钢经过高温渗碳后，在缓慢冷却的情况下可以得到近似于平衡状态的基体组织。渗碳后直接淬火或渗碳后缓冷再加热淬火、低温回火，均可以得到表面高硬度而心部低硬度的基体组织。

二、渗碳层平衡状态组织

由于工件在渗碳过程中，含碳量由表面高碳逐渐向里降低一直过渡到心部，导致渗碳层各部分的含碳量不同，所以显微组织分布也不同，正常的渗碳层分为过共析渗碳层、共析渗碳层、亚共析过渡层和心部四个区域。

（1）第一层过共析渗碳层：由于工件在表面渗碳过程中易形成高碳区域，故这一层碳含量应大于 0.80% 以上，为过共析成分。显微组织是呈网状分布的二次渗碳体和片状珠光体，只有在放大 400 倍的情况下才能分辨出珠光体的片间距与二次渗碳体分布的形态和数量。

珠光体的片间距粗细可以说明渗碳后的冷却速度快慢。在较细的片间距时冷却速度快，在较粗的片间距时冷却速度较慢。在过共析层出现的二次渗碳体呈网状、粗网状、大块状等分布形貌出现，它应属于正常组织，因为在加热淬火时可以基本消除二次渗碳体。

（2）第二层共析渗碳层：稍离表面过共析层的区域，这层的含碳量低于过共析层，一般碳含量为 0.8% 左右。从显微组织来看，这一层区域为 100%（体积分数）的片状珠光体。

（3）第三层亚共析过渡层：稍离共析渗碳层，一直延伸到与心部的基体组织，又称为扩散区和过渡区。这一层碳的浓度较低，其组织由珠光体与铁素体混合组成，随着距表层深度的增加，铁素体的含量也不断增加，珠光体则相应减少。

（4）第四层心部组织：珠光体与铁素体的混合组织，也是材料的原始基体组织。若原始基体组织中出现带状组织，则将会影响渗碳层深度的测量；出现粗晶粒状的魏氏组织，则会影响工件的力学性能，这些缺陷组织可以通过再次正火处理来消除。

三、渗碳层淬火及回火后的组织

渗碳处理后的工件要提高表面硬度和保持心部的韧性，在渗碳后必须进行淬火和低温回火的处理。渗碳、淬火可以分为渗碳后直接淬火和渗碳后空冷再加热淬火。渗碳直接淬火是指渗碳工件在渗碳温度下或调温到适当的温度后，直接淬入淬火介质进行处理的工艺，这种处理方法得到的组织为较粗的针状马氏体，并具有较多的残留奥氏体。如直接淬火工艺炉内温度过低，则易产生过量碳化物和心部铁素体。直接淬火由于淬火后应力较大，故必须在淬火后及时回火，以改善和消除内应力，否则工件容易开裂。

渗碳后空冷再加热淬火在加热淬火前必须留意渗碳后二次渗碳体的形状及数量，以便决定淬火温度的高低和保温时间的长短。提高淬火的温度和延长保温时间，可以有效地消除二次渗碳体。如果难以消除二次渗碳体，则可以通过正火细化晶粒后再进行淬火，这样可以更有效地消除二次渗碳体。

推荐标准及资料：

（1）HB 5492—2011《航空钢制件渗碳、碳氮共渗金相组织分级与评定》。

HB 5492—2011《航空钢制件渗碳、碳氮共渗金相组织分级与评定》

（2）JB/T 6141.3—1992《重载齿轮渗碳金相检验》。

JB/T 6141.3—1992《重载齿轮渗碳金相检验》

（3）JB/T 6141.4—1992《重载齿轮渗碳表面碳含量金相判别法》。

JB/T 6141.4—1992《重载齿轮渗碳表面碳含量金相判别法》

（4）QC/T 262—1999《汽车渗碳齿轮金相评级》。

QC/T 262—1999《汽车渗碳齿轮金相评级》

任务书

　　曲轴在运动过程中承受着复杂的扭转和弯曲应力，其表面用渗氮工艺进行热处理。某企业生产曲轴，现需要检测其渗氮层，检测周期72 h。接受任务后，可以通过图书馆、网络下载、中国大学慕课、学银在线课程及校企合作企业查阅有关的资料，学习相关的知识，对渗氮层试样进行合理取样、制备；合理选用腐蚀剂；按客户要求对渗氮原始材料、渗氮层深度、渗氮层脆性、渗氮层疏松程度、氮化物级别等进行检验。按工艺流程卡，对金相试样进行制样和组织观察及评价，并填写原始记录及检测报告。工作完成后按照现场管理规范清理场地、归置物品、资料归档，并按照环保规定处置废弃物。

任务分组

　　完成任务分组，填写生产任务单，见表6.2.1和表6.2.2。

表 6.2.1　学生任务分配表

班级		组号		指导老师	
组长		学号			
组员	姓名	学号		姓名	学号
任务分工					

表 6.2.2　生产任务单

委托单位/地址		项目负责人		委托人/电话	
委托日期		要求完成日期		商定完成日期	
任务名称		课题或生产令号		样品/材料名称	
样品编号		样品状态	固体	批号	
				炉号	
工作内容及要求 （包括检测标准等）	检测标准： 检测方向： 试样检测面尺寸：				
备注	相对应的标准见本任务的推荐标准及资料				

获取资讯

引导问题 1：本任务检测的零件材料是什么？渗氮钢种有哪些？简单列举渗氮用钢。

引导问题 2：简述渗氮后工件的金相组织、力学性能与化学性能。

引导问题 3：涉及渗氮钢金相检验的标准有哪些？查阅并列举。

引导问题 4：简述本任务取样的部位、制备金相试样的尺寸等制样信息。

引导问题 5：渗氮钢的热处理方法是什么？简述渗氮方法。

引导问题 6：渗氮钢是否需要进行原始组织检验？其对显微组织有什么要求？

 小提示

在一定温度下，于一定介质中，使氮原子渗入工件表面的化学热处理工艺，称为渗氮，也称为氮化。目前应用较多的有气体渗氮和离子渗氮。

渗氮是将活化氮原子渗入钢的表面，从而改变钢的表面成分，其是一种提高钢件表面硬度、耐磨性、耐蚀性和抗疲劳等力学性能的一种化学热处理。渗氮工艺的主要特点是处理温度低、零件变形小。

1. 气体渗氮

常用的气体渗氮介质主要是氨气，常用的渗氮温度为 500～600 ℃，远低于渗碳温度。

把已脱脂净化后的工件放在渗氮炉内加热，并通入氨气，380 ℃以上，氨即可按下式分解出活性氮原子 [N]：

$$2NH_3 \rightarrow 3H_2 + 2[N]$$

活性氮原子 [N] 被工件表面吸收并溶入表面，在保温过程中逐渐向里扩散，形成一定深度的渗氮层。为保证渗氮零件的质量，渗氮零件需选用含与氮亲和力大的 Al、Cr、Mo、Ti、V 等合金元素的合金钢，如 38CrMoAVA、35CrMo 等。

在进行气体渗氮前需进行调质预处理，以改善机加工性能，并获得均匀的回火索氏体组织，保证较高的强度和韧性。

2. 离子渗氮

在一定真空度下的渗氮气氛中，利用工件（阴极）和阳极之间产生的辉光放电进行渗氮的工艺称为离子渗氮,也称为辉光离子渗氮。

离子渗氮基本工艺为:将真空室的真空度抽到 1.33 ~ 13.3 Pa,缓慢充入少量氮气。当调整电压为 400 ~ 800 V 时,氮即电离分解成氮离子、氢离子和电子,并在工件表面产生一层紫色的辉光放电现象。高能量的氮离子以很大的速度轰击工件表面,将离子的动能转化为热能,使工件表面温度升高到所需的渗氮温度(500 ~ 650 ℃);氮离子在阴极上夺取电子后,还原成氮原子而渗入工件表面,并向里扩散形成渗氮层。

离子渗氮的主要特点如下:

(1)渗氮速度快,生产周期短;

(2)渗氮层质量好;

(3)工件变形小,由于阴极溅射效应使工件尺寸略有减小,故可抵消氮化物形成而引起的尺寸增大;

(4)对材料的适应性强。

图 6.2.1(a)所示为井式气体氮化炉,图 6.2.1(b)所示为离子氮化炉。

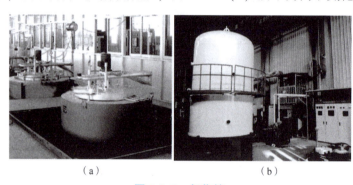

(a)   (b)

图 6.2.1   氮化炉

(a)井式气体氮化炉;(b)离子氮化炉

引导问题 7: 渗氮层深度的检验一般有哪些方法?简述其中的金相法。

工作计划

引导问题 8: 团队成员应怎样分工?与其他团队是否沟通实验设备的使用及实验室的清洁、维护分工工作?具体实施细则是什么?

引导问题 9：叙述磨光、抛光、腐蚀方法，包括选用砂纸、抛光布及腐蚀剂等。

引导问题 10：本任务需要进行哪些金相检验？对客户要求的任务一一叙述。

进行决策

引导问题 11：根据上述工作，合理分配实验设备使用及操作人员，见表 6.2.3。

表 6.2.3　设备使用分工表

设备序号	设备名称	数量	设备代号	使用时间	使用人
1					
2					
3					
4					
5					
6					
7					
8					

引导问题 12：师生讨论并确定最合理的工艺流程及设备使用情况、实验室分组管理情况。

工作实施

引导问题 13：根据本任务需要，填写表 6.2.4。

表 6.2.4　检测任务及处理方法

检测任务 1	原始组织	检验方法：
	是否检测（　　）	
检测任务 2	渗氮层深度	合格判定：
	是否检测（　　）	
检测任务 3	渗氮层疏松	合格判定：
	是否检测（　　）	
检测任务 4	渗氮层氮化物	合格判定：
	是否检测（　　）	
检测任务 5	渗氮层脆性	合格判定：
	是否检测（　　）	

引导问题 14：根据所检测的材料和所选用的检测方法，配制腐蚀剂（若使用前面任务的剩余，也在表 6.2.5 中说明，并注明用量、剩余量）。

表 6.2.5　金相检测所用腐蚀剂

检测材料		配制人		配制腐蚀剂过程记录
金相检测方法		用量		
腐蚀剂种类		剩余量		
腐蚀剂选择依据		剩余腐蚀剂处理		

引导问题 13：根据检测过程和结果，请完成金相检测报告，见表6.2.6。

表 6.2.6　金相检测报告

任务编号 Task number		客户名称 Name of customer	
样品名称 Name of sample		客户地址 Address of customer	
样品编号 Sample number		样品规格 Sample specification	
取样方法 Sampling method		样品状态 Sample status	
材料炉号 Heat number		材料的热处理制度 Heat treatment	
检验面 Inspection surface		检测部位 Detection site	
检测标准 Testing standard		检测地点 Test location	
环境条件 Environment condition		备注 Note	

报告内容 Report contents：

评定结果附相应的显微组织形貌图。

结论 Conclusion：

检测人/日期：　　　　　　复核人/日期：　　　　　　批准人/日期：

Tested by/Date　　　　　Reviewed by/Date　　　　　Approved by/Date

引导问题 14：按表 6.2.7 对金相试样的制备过程和质量，以及金相检测过程和结果进行评价，将结果填入表 6.2.8 和表 6.2.9 中（其中自评和互评各占 50%）。

表 6.2.7　金相检测全过程评分

检测材料/编号				总得分			
项目与配分	序号	评分点	配分	评分标准	自测记录	互测记录	得分
制样操作过程 （60%）	1	取样	10	违反安全全扣			
	2	镶嵌	10	违反安全全扣			
	3	粗磨	10	没有冷却扣 5 分，违反安全全扣			
	4	细磨	10	习惯差每处扣 2 分，扣完为止			
	5	抛光	10	样品飞出扣 2 分，离开不关水、电全扣			
	6	腐蚀	10	违反操作规则全扣			
制样水平 （20%）	7	划痕	10	视场中三条以上每条扣 2 分，扣完重做			
	8	显示	5	过轻或过重扣 5 分			
	9	磨面平整度	5	磨面不平全扣，没有合格视场重做			
测定方法和正确性 （10%）	10	测定方法	5	标准选错全扣，重做			
	11	正确性	5	计算错误扣 2 分，公式错误全扣			
金相显微镜的使用 （倒扣分）	12	手直接扒拉物镜镜头	−5	倒扣			
	13	湿手操作显微镜	−5	倒扣			
	14	湿样品直接置于显微镜下观察	−5	倒扣			
	15	观察过程中用手在载物台直接推动试样	−5	倒扣			
6S （10% 及倒扣分）	16	是否符合6S 精神	10 及倒扣	每违反一项扣 2 分，扣完可以倒扣			

表 6.2.8　活动过程评价小组自评表

班级		组名		日期	年　月　日
评价指标	评价要素			分数	分数评定
信息检索	能利用网络资源、工作手册查找有效信息，能通过与企业教师合理沟通获取有效信息；能用自己的语言有条理地去解释、表述所学知识；能将查找到的信息有效转换到工作中			10	
感知工作	是否熟悉各自的工作岗位，认同工作价值；在工作中是否获得满足感			5	
参与状态	与教师、企业员工、同学之间是否相互尊重、理解、平等；与教师、企业员工、同学之间是否能够保持多向、丰富、适宜的信息交流			15	
	探究学习，自主学习不流于形式，处理好合作学习和独立思考的关系，做到有效学习、深入探究相关标准；能提出有意义的问题或能发表个人见解；能按要求正确操作；能够倾听、协作分享			15	
学习方法	工作计划、操作技能是否符合规范要求；是否获得了进一步发展的能力			10	
工作过程	遵守实验室和企业管理规程，操作过程符合现场管理要求；平时上课的出勤情况和每天完成工作任务情况；善于多角度思考问题，能主动发现、提出有价值的问题			15	
思维状态	是否能发现问题、提出问题、分析问题、解决问题、创新问题			10	
自评反馈	按时按质完成工作任务；较好地掌握了金相分析技能；具有较强的信息分析能力和理解能力；具有较为全面、严谨的思维能力并能条理明晰地表述成文			20	
自评分数					
有益的经验和做法					
总结反思建议					

表 6.2.9　活动过程评价小组互评表

班级		被评组名		日期	年　月　日
评价指标	评价要素			分数	得分
信息检索	该组成员能否利用网络资源、工作手册查找有效信息，能否通过与企业教师合理沟通获取有效信息			10	
	该组成员能否用自己的语言有条理地去解释、表述所学知识			5	
	该组成员能否将查找到的信息有效转换到工作中			5	

班级		被评组名		日期	年 月 日
评价指标	评价要素			分数	得分
感知工作	该组成员是否熟悉自己的工作岗位，并认同工作价值			5	
	该组成员在工作中是否获得满足感			5	
参与状态	该组成员与教师、企业员工、同学之间是否相互尊重、理解、平等			5	
	该组成员与教师、企业员工、同学之间是否能够保持多向、丰富、适宜的信息交流			5	
	该组成员能否处理好合作学习和独立思考的关系，做到有效学习			5	
	该组成员能否提出有意义的问题或能发表个人见解；能按要求正确操作；能够倾听、协作分享			5	
	该组成员能否积极参与，在金相检测过程中不断学习，虚心请教企业员工，综合运用信息技术的能力能否得到提高			5	
学习方法	该组成员的工作计划、金相试样制备技能是否符合规范要求			5	
	该组成员是否获得了进一步发展的能力			5	
工作过程	该组成员是否遵守实验室和企业管理规程，且操作过程符合现场管理要求			5	
	该组成员平时上课的出勤情况和每天完成工作任务情况			5	
	该组成员是否能制备出良好的金相试样及合理选用国家标准，善于多角度思考问题，并能主动发现、提出有价值的问题			10	
思维状态	该组成员是否能发现问题、提出问题、分析问题、解决问题、创新问题			5	
自评反馈	该组成员是否能严肃认真地对待自评，并能独立完成金相检测全过程任务			10	
互评分数					
简要评述					

表 6.2.10 所示为教师评价表。

表 6.2.10 教师评价表

班级			组名		姓名	
出勤情况						
一	任务描述、接受任务	口述任务内容细节	1. 表述仪态自然、吐字清晰	3	表述仪态不自然或吐字模糊扣 1 分	
			2. 表述思路清晰，层次分明、准确		表述思路模糊或层次不清扣 2 分	

	班级			组名			姓名		
	出勤情况								
二	任务分析、分组情况	依据材料和检测项目、成员特点分组、分工	根据任务情况及班级成员特点，分组、分工合理、明确		2	表述思路模糊或层次不清扣1分			
						分工不明确扣1分			
三	制订计划	试样制备流程	1. 试样制备流程完整（包括所用设备、材料、药品等）		10	漏掉工序或描述不清扣1分，扣完为止			
		标准和方法的选择	2. 准确的标准和方法		5	选错全扣			
四	计划实施	制备金相试样前准备	1. 工装穿戴整齐		5	穿戴不齐扣1分			
			2. 设备检查良好			没有检查扣1分			
			3. 准备金相砂纸			没有准备扣3分，多准备或少准备各扣1分			
			4. 配制抛光液		5	没有配制扣2分，配制浓度错误扣1分			
			5. 配制腐蚀液			没有配制或浪费扣3分，配错扣2分			
		金相试样制备	1. 正确使用设备		5	设备使用错误扣1分，扣完为止			
			2. 查阅资料，正确弥补制样缺陷		10	没有弥补每一项缺陷扣1分，扣完为止			
			3. 显微镜下金相组织质量		15	组织不清晰，划痕三条以上，试样表面不干净，酌情每项扣5分，扣完为止			
		实验室管理	1. 金相试样制备过程中6S精神		5	酌情扣分，扣完为止			
			2. 每天结束后清洁实验室，关闭水、电、门窗		10	每次不合格扣1分，扣完此项配分为止			
五	渗氮层的金相检测	检测报告	能正确完成检测任务，并填写检测报告		10	检测报告有错误全扣			

班级		组名		姓名	
出勤情况					
六	总结	任务总结	1. 依据自评分数	2	
			2. 依据互评分数	3	
			3. 依据个人总结评价报告	10	依总结内容是否到位酌情给分
		合计		100	

项目的相关知识点

一、渗氮层疏松检验

对于渗氮层疏松检验，其疏松等级适用于低温氮碳共渗零件，其标准评级图及相关说明按化合物层内微孔形状、数量及密集程度分为5级。图6.2.2所示为渗氮层疏松3级形貌，3级以下者为合格，微孔占化合物层2/3的厚度或部分微孔聚集分布者为不合格。

二、渗氮扩散层中氮化物检验

按扩散层中脉状氮化物的分布情况、形态、数量，评级图分为5级。一般零件上允许有少量脉状分布氮化物（2级）或较多脉状分布氮化物（3级），如图6.2.3所示。

气体渗氮和离子渗氮工艺的零件必须检验这个项目。

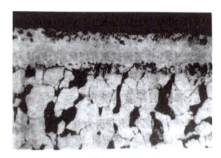

图6.2.2　渗碳层疏松3级形貌

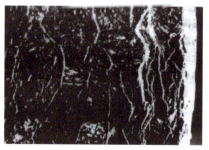

图6.2.3　脉状氮化物3级

三、渗氮层的显微组织

渗氮层的显微组织按铁氮相图，可获得 α、γ、γ'、ε、ζ 五种相。

（1）α 相为氮在 $\alpha-Fe$ 中的固溶体，590 ℃时在 $\alpha-Fe$ 中 $\omega(N)$ 最大为0.19%。若自渗氮后缓慢冷却，因氮在 $\alpha-Fe$ 中固溶量的降低而析出 γ' 相，如快速冷却，则 γ' 相析出受到抑制，氮在 $\alpha-Fe$ 相中处于过饱和状态。

（2）γ 相为氮在 $\gamma-Fe$ 中的固溶体，650 ℃时在 $\gamma-Fe$ 中 $\omega(N)$ 最大为2.8%。缓冷时 γ 相发生共析转变 $\gamma\rightarrow\gamma'+\alpha$，而快冷时 γ 相转变为含氮马氏体和含氮残留奥氏体。

（3）γ'相为Fe_4N，$\omega(N)$为5.7%～6.1%，有较好的强韧性。

（4）ε相为Fe_3N，$\omega(N)$为8%～11%，缓冷时会析出γ'相，ε相脆性较大。

（5）ζ相为Fe_2N，$\omega(N)$为11%～11.35%，只有在高氮势且低温、长时间渗氮时才能出现，其脆性很大。

碳钢渗氮在缓冷或回火后，由表面向心部依次可得ζ、ε、$\varepsilon+\gamma'$、γ'和$\alpha+\gamma'$（γ'相是从α相中析出来的）等相层，表面白亮化合物层为三相层（其中包括γ'和ζ相），在每个渗氮层中，以上五种相不是同时存在的，它可以通过调整氮势来控制。

在合金钢渗氮时，氮在$\alpha-Fe$中达到饱和时，合金元素与氮形成合金氮化物，这时继续渗氮才依次形成γ'、ε及ζ相。合金钢渗氮时表面是白亮的ε层（多相化合物），下面弥散着大量合金氮化物的高硬度层，后者是渗氮层的主要部分。

推荐标准及资料：

GB/T 11354—2005《钢铁零件渗氮层深度测定和金相组织检验》。

GB/T 11354—2005《钢铁零件渗氮层深度测定和金相组织检验》

任务三　表面淬火件金相检验

任务书

某拖拉机转向节，材料是40Cr，锻造后预备热处理以调质处理，硬度为28 HBC，安装轴承部分用表面热处理，硬度要求为52～62 HRC，淬硬层深度为3～5 mm。要求检验其表面淬火层，检测周期为72 h。接受任务后，借阅或上网查询有关的资料，对表面淬火层试样进行合理取样、制备；合理选用腐蚀剂；按客户要求对有效硬化层及金相组织等进行检验。按工艺流程卡，对金相试样进行制样和组织观察及评价，填写原始记录及检测报告。工作完成后按照现场管理规范清理场地、归置物品、资料归档，并按照环保规定处置废弃物。

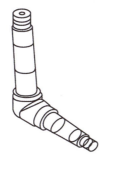

任务分组

学生任务分配表与生产任务单见表6.3.1和表6.3.2。

表 6.3.1 学生任务分配表

班级			组号			指导老师	
组长			学号				
组员	姓名	学号		姓名		学号	
任务分工							

表 6.3.2 生产任务单

委托单位/地址		项目负责人			委托人/电话	
委托日期		要求完成日期			商定完成日期	
任务名称		课题或生产令号			样品/材料名称	
样品编号		样品状态	固体		批号	
					炉号	
工作内容及要求 （包括检测标准等）						
备注	有需要请在报告中注明锻件代号：　　　　节号：　　　　袋号：					

引导问题 **1**：本任务检测的零件材料是什么？可用来进行表面淬火的钢种有哪些？表面淬火的方法有哪些？就其中一种淬火方式，从表面到心部，金相组织如何变化？

引导问题 **2**：涉及表面淬火钢金相检验的标准有哪些？查阅并列举。

引导问题 **3**：简述感应淬火的分类和特点。

引导问题 **4**：简述本任务取样的部位、制备金相试样的尺寸等制样信息。

引导问题 **5**：感应淬火层深度的检验方法一般有哪些？分别简述其方法。

感应淬火是利用感应电流通过工件所产生的热效应，使工件表面加热并进行快速冷却的淬火工艺。

感应加热的主要依据是电磁感应、趋肤效应和热传导三项基本原理。在感应线圈中通入一定频率的交流电，使其内部和周围产生与电流频率相同的交变磁场，将工件置于感应线圈内时，工件内就会产生频率相同、方向相反的感应电流，这种电流在工件内自成回路，称为涡流。

涡流在工件截面上的分布是不均匀的，表面密度大，而心部几乎为零，这种现象称为趋肤效应。由于钢本身具有电阻，故集中于工件表面的涡流可使工件表面迅速被加热，几秒内即可使温度上升到淬火温度，而心部仍接近于常温，随后立即喷水冷却即达到了表面淬火的目的。

工作计划

引导问题6： 感应淬火钢有效硬化层的显微组织检测倍数是多少？应该在什么位置进行检测？

引导问题7： 团队成员应怎样分工？与其他团队是否沟通实验设备的使用及实验室的清洁、维护分工工作？具体实施细则是什么？

感应淬火的有效硬化层测量。

1. 金相法

对淬火前经正火处理的零件，硬化层深度应从表面测到有50%马氏体（体积分数）处为止，如果马氏体处的铁素体含量超过20%，则应测到20%铁素体处为止。

对淬火前经调质处理的零件，硬化层深度应测到有明显细珠光体处为止。

对珠光体（体积分数为65%）的球墨铸铁，硬化层深度应测到20%珠光体处。

2. 硬度法

用维氏硬度法作硬度梯度曲线。第一个压痕应距表面0.15 mm，每间隔0.1 mm逐次测试，从零件表面到硬度值等于极限值的那一段距离作为有效硬化层深度。标准中规定了被测零件的硬化层深度应 >0.3 mm，离表面3倍于有效硬化层深度处，应低于极限硬度减去100。如果不能满足这个条件，则可采用协商后的较高的极限硬度值，以便测定有效硬化层深度。

用洛氏硬度法主要是确定半马氏体硬度，把测到半马氏体硬度的区间作为有效硬化层深度。

碳素钢的半马氏体硬度见表6.3.3，合金钢的半马氏体硬度见表6.3.4。

表6.3.3　碳素钢的半马氏体硬度

钢号	半马氏体硬度/HRC	钢号	半马氏体硬度/HRC	钢号	半马氏体硬度/HRC
30	34.8~38.0	50	42.8~46.0	70	50.8~54.0
35	36.8~40.0	55	44.8~48.0	75	52.8~56.0
40	38.8~42.0	60	46.8~50.0	80	54.8~58.0
45	40.8~44.0	65	48.8~52.0	85	56.8~60.0

表6.3.4　合金钢的半马氏体硬度

碳的质量分数/%	半马氏体硬度/HRC	碳的质量分数/%	半马氏体硬度/HRC
0.18~0.22	30	0.33~0.42	45
0.23~0.27	35	0.43~0.52	50
0.28~0.32	40	0.53~0.60	55

引导问题8：叙述磨光、抛光、腐蚀方法，包括选用砂纸、抛光布及腐蚀剂等。

引导问题9：本任务需要进行哪些金相检验？对客户要求的任务一一叙述。

引导问题 10：根据上述工作，合理分配实验设备使用及操作人员，见表6.3.5。

表 6.3.5　设备使用分工表

设备序号	设备名称	数量	设备代号	使用时间	使用人
1					
2					
3					
4					
5					
6					
7					
8					

引导问题 11：师生讨论并确定最合理的工艺流程及设备使用情况、实验室分组管理情况。

引导问题 12：根据本任务需要，填写表6.3.6。

表 6.3.6　检测任务及处理方法

检测任务1	显微组织	检验方法：
	是否检测（　　）	
检测任务2	有效硬化层深度	合格判定：
	是否检测（　　）	

 工作实施

引导问题 13：根据所检测的材料和所选用的检测方法，配制腐蚀剂（若使用前面任务的剩余，也在表6.3.7中说明，并注明用量、剩余量）。

表 6.3.7　金相检测所用腐蚀剂

检测材料		配制人		配制腐蚀剂过程记录	
金相检测方法		用量			
腐蚀剂种类		剩余量			
腐蚀剂选择依据		剩余腐蚀剂处理			

引导问题 14：根据检测过程和结果，请完成金相检测报告，见表6.3.8。

表 6.3.8　金相检测报告

任务编号 Task number		客户名称 Name of customer	
样品名称 Name of sample		客户地址 Address of customer	
样品编号 Sample number		样品规格 Sample specification	
取样方法 Sampling method		样品状态 Sample status	
材料炉号 Heat number		材料的热处理制度 Heat treatment	
检验面 Inspection surface		检测部位 Detection site	
检测标准 Testing standard		检测地点 Test location	
环境条件 Environment condition		备注 Note	

报告内容 Report contents：
评定结果附相应的显微组织形貌图。
结论 Conclusion：

检测人/日期：　　　　　　　复核人/日期：　　　　　　　　批准人/日期：
Tested by/Date　　　　　　　Reviewed by/Date　　　　　　　Approved by/Date

报告内容 Report contents：

评价反馈

引导问题 15：按表 6.3.9 对金相试样的制备过程和质量，以及金相检测过程和结果进行评价，将结果填入表 6.3.10 和表 6.3.11 中（其中自评和互评各占 50%）。

表 6.3.9　金相检测全过程评分

检测材料/编号				总得分			
项目与配分	序号	评分点	配分	评分标准	自测记录	互测记录	得分
制样操作过程 （60%）	1	取样	10	违反安全全扣			
	2	镶嵌	10	违反安全全扣			
	3	粗磨	10	没有冷却扣 5 分，违反安全全扣			
	4	细磨	10	习惯差每处扣 2 分，扣完为止			
	5	抛光	10	样品飞出扣 2 分，离开不关水、电全扣			
	6	腐蚀	10	违反操作规则全扣			
制样水平 （20%）	7	划痕	10	视场中三条以上每条扣 2 分，扣完重做			
	8	显示	5	过轻或过重扣 5 分			
	9	磨面平整度	5	磨面不平全扣，没有合格视场重做			
测定方法和正确性 （10%）	10	测定方法	5	标准选错全扣，重做			
	11	正确性	5	计算错误扣 2 分，公式错误全扣			
金相显微镜的使用 （倒扣分）	12	手直接扒拉物镜镜头	−5	倒扣			
	13	湿手操作显微镜	−5	倒扣			
	14	湿样品直接置于显微镜下观察	−5	倒扣			
	15	观察过程中用手在载物台直接推动试样	−5	倒扣			
6S （10% 及倒扣分）	16	是否符合6S 精神	10 及倒扣	每违反一项扣 2 分，扣完可以倒扣			

表 6.3.10　活动过程评价小组自评表

班级		组名		日期	年　月　日
评价指标	评价要素			分数	分数评定
信息检索	能利用网络资源、工作手册查找有效信息，能通过与企业教师合理沟通获取有效信息；能用自己的语言有条理地去解释、表述所学知识；能将查找到的信息有效转换到工作中			10	
感知工作	是否熟悉各自的工作岗位，认同工作价值；在工作中是否获得满足感			5	
参与状态	与教师、企业员工、同学之间是否相互尊重、理解、平等；与教师、企业员工、同学之间是否能够保持多向、丰富、适宜的信息交流			15	
	探究学习，自主学习不流于形式，处理好合作学习和独立思考的关系，做到有效学习、深入探究相关标准；能提出有意义的问题或能发表个人见解；能按要求正确操作；能够倾听、协作分享			15	
学习方法	工作计划、操作技能是否符合规范要求；是否获得了进一步发展的能力			10	
工作过程	遵守实验室和企业管理规程，操作过程符合现场管理要求；平时上课的出勤情况和每天完成工作任务情况；善于多角度思考问题，能主动发现、提出有价值的问题			15	
思维状态	是否能发现问题、提出问题、分析问题、解决问题、创新问题			10	
自评反馈	按时按质完成工作任务；较好地掌握了金相分析技能；具有较强的信息分析能力和理解能力；具有较为全面、严谨的思维能力并能条理明晰地表述成文			20	
自评分数					
有益的经验和做法					
总结反思建议					

表 6.3.11　活动过程评价小组互评表

班级		被评组名		日期	年　月　日
评价指标	评价要素			分数	得分
信息检索	该组成员能否利用网络资源、工作手册查找有效信息，能否通过与企业教师合理沟通获取有效信息			10	
	该组成员能否用自己的语言有条理地去解释、表述所学知识			5	
	该组成员能否将查找到的信息有效转换到工作中			5	

班级		被评组名		日期	年　月　日
评价指标	评价要素			分数	得分
感知工作	该组成员是否熟悉自己的工作岗位，并认同工作价值			5	
	该组成员在工作中是否获得满足感			5	
参与状态	该组成员与教师、企业员工、同学之间是否相互尊重、理解、平等			5	
	该组成员与教师、企业员工、同学之间是否能够保持多向、丰富、适宜的信息交流			5	
	该组成员能否处理好合作学习和独立思考的关系，做到有效学习			5	
	该组成员能否提出有意义的问题或能发表个人见解；能按要求正确操作；能够倾听、协作分享			5	
	该组成员能否积极参与，在金相检测过程中不断学习，虚心请教企业员工，综合运用信息技术的能力能否得到提高			5	
学习方法	该组成员的工作计划、金相试样制备技能是否符合规范要求			5	
	该组成员是否获得了进一步发展的能力			5	
工作过程	该组成员是否遵守实验室和企业管理规程，且操作过程符合现场管理要求			5	
	该组成员平时上课的出勤情况和每天完成工作任务情况			5	
	该组成员是否能制备出良好的金相试样及合理选用国家标准，善于多角度思考问题，并能主动发现、提出有价值的问题			10	
思维状态	该组成员是否能发现问题、提出问题、分析问题、解决问题、创新问题			5	
自评反馈	该组成员是否能严肃认真地对待自评，并能独立完成金相检测全过程任务			10	
互评分数					
简要评述					

表6.3.12所示为教师评价表。

表6.3.12　教师评价表

班级		组名			姓名		
出勤情况							
一	任务描述、接受任务	口述任务内容细节	1. 表述仪态自然、吐字清晰	3	表述仪态不自然或吐字模糊扣1分		
			2. 表述思路清晰，层次分明、准确		表述思路模糊或层次不清扣2分		

班级				组名		姓名		
出勤情况								
二	任务分析、分组情况	依据材料和检测项目、成员特点分组、分工	根据任务情况及班级成员特点，分组、分工合理、明确	2	表述思路模糊或层次不清扣1分			
					分工不明确扣1分			
三	制订计划	试样制备流程	1. 试样制备流程完整（包括所用设备、材料、药品等）	10	漏掉工序或描述不清扣1分，扣完为止			
		标准和方法的选择	2. 准确的标准和方法	5	选错全扣			
四	计划实施	制备金相试样前准备	1. 工装穿戴整齐	5	穿戴不齐扣1分			
			2. 设备检查良好		没有检查扣1分			
			3. 准备金相砂纸		没有准备扣3分，多准备或少准备各扣1分			
			4. 配制抛光液	5	没有配制扣2分，配制浓度错误扣1分			
			5. 配制腐蚀液		没有配制或浪费扣3分，配错扣2分			
		金相试样制备	1. 正确使用设备	5	设备使用错误扣1分，扣完为止			
			2. 查阅资料，正确弥补制样缺陷	10	没有弥补每一项缺陷扣1分，扣完为止			
			3. 显微镜下金相组织质量	15	组织不清晰，划痕三条以上，试样表面不干净，酌情每项扣5分，扣完为止			
		实验室管理	1. 金相试样制备过程中6S精神	5	酌情扣分，扣完为止			
			2. 每天结束后清洁实验室，关闭水、电、门窗	10	每次不合格扣1分，扣完此项配分为止			
五	表面淬火件的金相检测	检测报告	能正确完成检测任务，并填写检测报告	10	检测报告有错误全扣			

班级			组名		姓名	
出勤情况						
六	总结	任务总结	1. 依据自评分数	2		
			2. 依据互评分数	3		
			3. 依据个人总结评价报告	10	依总结内容是否到位酌情给分	
		合计		100		

项目的相关知识点

表面加热热处理最常用的方法就是感应加热热处理。

一、感应加热热处理的特点及原理

感应加热按电源频率及设备不同，分为工频、中频、高频和超音频。感应加热热处理具有工艺简单、工艺过程容易实现机械化和自动化、工艺周期短、生产效率高、工件变形小、节约能耗、环境污染少等优点。感应加热热处理的原理是利用感应电流，通过工件所产生的热量，使工件表层、局部或整体加热并快速冷却的热处理。

二、感应加热速度对钢的组织影响

当加热速度很快时，奥氏体晶粒度明显增大，在快速加热的条件下，珠光体中的铁素体在转变成奥氏体的过程中会残留部分碳化物，奥氏体不完全均匀化。对于低碳钢来说，即使加热到910 ℃以上的温度，在快速加热的条件下也不可能使奥氏体均匀化。因此，淬火会出现一定量的铁素体。

三、感应加热速度对工件表面强度的影响

表面感应加热时，在一定的加热速度下，可以在某一温度获得最佳的硬度和强度值，温度过高或过低均达不到理想的硬度。在同种材料的情况下，感应加热表面淬火后的硬度要高于普通加热淬火，同样感应加热淬火后的耐磨性也比普通淬火高得多。

四、原始组织对感应加热的影响

对要求严格的工件，采用感应加热淬火时，应对钢材实施预备热处理。对于结构钢，通常采用调质处理，即对于晶粒度大小不均匀和表面有粗大的铁素体分布时，均会影响快速加热并导致零件强度不均匀。所以，原始组织越细，奥氏体形核位置越多，可使碳原子扩散速度越快，这样可加速相变，使奥氏体完全化，才能得到良好的淬火组织。

五、淬硬层的选择和影响

感应加热淬火可使工件强度增高，表面残留压应力增大，进而使工件的抗疲劳性能增

强，即选择最佳淬硬层才能提高工件的抗疲劳性能。淬硬层深度的测定方法有两种：金相法和硬度法。金相法是在显微镜下从表面测到心部为淬硬层，硬度法是用显微硬度计根据硬度值要求来进行测定的。

六、根据标准 JB/T 9204—2008 对显微组织进行评级

零件经淬火、低温回火后（≤200℃），显微组织应在 400 倍下测量，同时参照标准中显微组织评级图，对金相组织进行评定，其分级说明见表 6.3.13。

当规定硬度下限高于或等于 55 HRC 时，3~7 级为合格。

当规定硬度下限低于 55 HRC 时，3~9 级为合格。

表 6.3.13　显微组织分级说明

级别	组织特征	晶粒平均面积/mm²	对应的晶粒度
1	粗马氏体	0.06	1
2	较粗马氏体	0.015	3
3	马氏体	0.001	6~7
4	较细马氏体	0.000 26	8~9
5	细马氏体	0.000 13	9~10
6	微细马氏体		
7	微细马氏体，其含碳量不均匀		
8	微细马氏体，其含碳量不均匀，并有少量极细珠光体（托氏体）＋少量铁素体（＜5%）	0.000 1	10
9	微细马氏体＋网络状极细珠光体（托氏体）＋未溶铁素体（＜10%）		
10	微细马氏体＋网络状极细珠光体（托氏体）＋大块状未溶铁素体（＜10%）		

推荐标准及资料：

（1）GB/T 5617—2005《钢的感应淬火或火焰淬火后有效硬化层深度的测定》。

GB/T 5617—2005《钢的感应淬火或火焰淬火后有效硬化层深度的测定》

（2）JB/T 9204—2008《钢件感应淬火金相检验》。

JB/T 9204—2008《钢件感应淬火金相检验》

　　法拉第是一位伟大的发明家，他在电磁感应及电化学方面的贡献是现代文明的基础，这是世人皆知的。此外，他也是一位伟大的冶金学家，并且他的科学研究生涯还是从合金钢研究开始的，这一点却不为人所熟知。法拉第曾对钢的抗氧化性进行研究，也曾对铬钢有初步的研究结果："有良好的可锻性，虽然硬，但无裂纹"。可惜这方面的实验未进行下去，否则他是否会发现不锈钢就不得而知了。法拉第在实验室中发现银和钢的合金有良好的可锻性，质地坚硬，表面光亮，可做多种刀具和工具。他在 Sheffield 的一家钢厂中进行了生产性的实验，并制出一些刀具分赠亲友。

　　法拉第在合金钢方面的研究在当时并没有产生什么直接有意义的结果，因为那时的工业生产，除了一些刀具如剃刀、手术刀外，对合金钢并没有什么需求。但是法拉第在合金钢方面的系统试验对后来的发展还是有启发性的，它的深远意义不能低估。就在法拉第进行上述有关钢的大量试验的同时，他还在 1821 年发现了电磁感应，在 1824 年发现蒸汽可凝成液体。当法拉第发现电磁感应而成名后，有人问他电磁感应有什么用，他的回答是："我亲爱的先生，婴儿又有什么用？"这个比喻也完全适用于法拉第的合金钢研究，它代表一种新生事物，有非常强大的生命力，后来终于发展成为今天的庞大合金钢系统。

　　后来法拉第的兴趣就转到电磁及化学方面去了，未再在合金钢方面进行研究。尽管如此，法拉第仍是一位伟大的冶金学家和合金钢研究的前驱者。

　　在金相学的发展历史上，法国 Floris Osmond（奥斯蒙）的功绩和贡献是卓越且巨大的。Osmond 与德国 Adolf Martens 生活在同时期，他是金属学或物理冶金方面的一位伟大科学家。

　　首先，在实验技术方面 Osmond 不限于金相观察，而是把它与热分析、膨胀、热电动势、电导等物理性能试验结合起来，这在当时的社会不能不说是一种创举。他把金相技术扩大到更广泛的范畴中去，这在后来成为金属学的传统研究方法。

　　其次，在理论分析方面 Osmond 也不限于显微组织结构，而是把它与化学成分、温度、性能结合在一起，研究它们之间的因果关系。换句话说，Osmond 把金相学从单纯的显微镜观察扩大、提高成一门新学科。从这个角度来看，Osmond 的贡献是非常卓越的。Osmond 在实验技术上精益求精，图 6.3.1 所示为他拍摄的珠光体的高倍显微像，就是在今天用先进的实验仪器与照相器材，要达到这么高的水平也非易事。

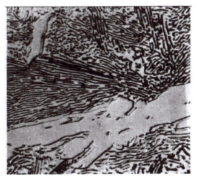

图 6.3.1　碳钢［$\omega(C) = 1.6\%$］中的珠光体（Osmond，1901）

　　Osmond 还有谦逊的美德。一方面不让在他逝世的讣告中说明他在金相学方面的业绩；另一方面把荣誉让给别人，如他推崇索氏为金相学的奠基人、马氏为伟大的金相学家，分别用他们的姓氏命名索氏体和马氏体。他还把他自己发现的碳在 γ 铁中的固溶体命名为奥氏体，以纪念在 Fe－C 平衡图方面作出巨大贡献的英国冶金学家罗伯茨·奥斯汀。此外，他还用物理化学家托斯特姓氏命名钢中的一种共析相变组织——Troostite，即屈氏体。托斯特是巴黎大学教授，Osmond 曾受过他的指教。

Osmond 发表了一百多篇论文，还写了两本有关于金相的专著（1895 年和 1904 年），对金相学的普及推广也起到了重要的作用。到了 19 世纪末 20 世纪初，金相学就已经成为一门新兴的学科了。

参 考 文 献

[1] 戴丽娟. 金相分析基础 ［M］. 北京：化学工业出版社，2019.

[2] 葛利玲. 光学金相显微技术 ［M］. 北京：冶金工业出版社，2018.

[3] 朱莉，王运炎. 机械工程材料 ［M］. 北京：机械工业出版社，2013.

[4] 王章忠. 机械工程材料 ［M］. 北京：机械工业出版社，2020.

[5] 李炯辉. 金属材料金相图谱 ［M］. 北京：机械工业出版社，2006.

[6] 郭可信. 金相学史话（1）：金相学的兴起 ［J］. 材料科学与工程，2000，18（4）：2-9.

[7] 郭可信. 金相学史话（2）：β-Fe 的论战 ［J］. 材料科学与工程，2001，19（1）：6-12.

[8] 郭可信. 金相学史话（3）：Fe-C 平衡图 ［J］. 材料科学与工程，2001，19（2）：2-9.

[9] 郭可信. 金相学史话（4）：合金钢的早期发展史 ［J］. 材料科学与工程，2001，19（3）：2-10.

[10] 郭可信. 金相学史话（5）：X 射线金相学 ［J］. 材料科学与工程，2001，19（4）：3-9.

[11] 郭可信. 金相学史话（6）：电子显微镜在材料科学中的应用 ［J］. 材料科学与工程，2002，20（1）：5-11.